글로벌 미용인을 위한

한·미·일·중 미용실무회화

유현주·김유빛나라

청구문화사

profile

유 현주

성신여자대학교 정치외교학과 졸업
일본 요시다아이패션컬리지 졸업
원광대학교 한의학전문대학원 보건학 박사
유현주 뷰티클럽 및 뷰티아카데미 원장 역임
대한미용교수협의회 회장 역임
現원광보건대학 미용피부관리과 교수

김유 빛나라

상해 SCIS 미국국제학교 수학
미국 미시건주 6개월 교환학생

preface

딸아이와 엮은 전공서가 나오다니 정말 행복하다! 어린 딸이 지난날 중국과 미국에서 씩씩하고 건강하게 지내온 것만으로도 감사한데, 내 능력 밖의 부분을 도와줄 정도로 성장했음이 더더욱 감동이다. 오히려 내가 일본유학을 너무 오래전 다녀온 터라 무딘 일본어회화가 될까봐 감수에 감수를 받아야했다.

이 책은,

- 글로벌한 한국미용의 현주소를 반영하듯, 외국으로 진출하는 미용인이나 외국인 고객을 맞이하는 국내미용인이나 또 폭 넓은 세계무대를 향해 비전을 세우고 있는 미용전공 학생들의 필수품으로 준비했다.
- 영, 중, 일 3개 국어에 대한 체계적인 기초학습이 없이도 최대한 미용실무 회화를 습득 가능하도록 노력해 보았다.
- 4개국의 실무상황을 같이 나열하여 동시 습득해 갈 수 있도록 편집하였다.
- 회화 외에도 뷰티싸롱 내 미용전문용어 및 배경지식용어를 최대한 간추려 제공하였다.

7년 전 초등학교 6학년인 딸과 34일간의 유럽배낭여행을 다니면서 어린 딸이 나의 길잡이 보호자였고, 지난 20여년 세월동안 남편은 내게 아낌없이 주는 나무 그 자체였다. 전공저서 머리말에 이런 글을 쓰는 것이 많이 우습기는 하나, 내가 지극히 감사해야 할 우리가족의 기념서로도 남기고 싶다.

2013년 훈훈한 봄날,
저자 유 현주 씀.

백화점엘 가면 난 늘 샤넬코코향수를 테스팅하며 향을 음미하고는 한다. 울 엄마내음이다! 부드럽고, 달콤하지만 확실한 울 엄마의 성격과도 닮은 엄마의 향수. 어렸을 적 나의 놀이터가 뷰티싸롱이여서 그런지 미용은 나에게 아주 친근하다. 그리고 엄마에 대한 자부심만큼이나 우리나라 뷰티산업의 수준에 대한 자부심을 난 한껏 갖고 있다. 그래서 부족한 어학실력이지만 영어권과 중국어권에서 유학하며 접했던 현지 실용회화를 엮어보는 영광을 마다하지 않고 적극 도전하게 되었다.

엄마와 나는 31년의 나이 차이에도 불구하고 환상적인 듀오라 할 정도로 잘 통한다. 아토피로 그동안 근심을 내내 드렸으나 부모님의 지극정성으로 아토피도 어느 정도 극복하고 건강한 삶을 살아가고 있기에, 엄마와 같은 미용인들에게 도움이 됐으면 하고 나름 최선을 다해 틈틈이 준비했다. 그리고 10년 전 암 투병을 불사조처럼 이겨내고, 나의 멋진 엄마로 행복하게 함께 해주심에 진심으로 감사와 사랑을 이 지면을 빌어 꼭 전하고 싶다.

두 여자를 위해 늘 애쓰시는 울 아빠 또한 완전 사랑합니다!

저자 김유 빛나라 씀.

contents

중국어 발음 표기법

상형문자인 한자는 표음문자가 아니기 때문에 글자 스스로 자신의 발음을 나타내기 힘들다. 병음(拼音)은 이러한 중국어의 취약점을 보완하기 위하여 만들어진 현대 중국어의 '발음 표기법'이다. 상형문자인 한자의 소리를 표시하기 위하여 표음문자인 알파벳의 발음표기 기능을 빌려 온 셈이라고 하겠다.

중국어를 표기하는 수단인 한자에는 글자마다 세 가지 성분, 즉 성조(声调), 운모(韵母), 성모(声母)가 포함되어 있다.

1. 声调

성조(声调)란 중국어 음절 전체에 걸쳐 영향을 미치는 소리의 높낮이이다. 중국어의 표준어에는 모두 네 개의 기본 성조와 두 개의 파생 성조가 있다. 기본 성조는 각각 제1성, 제2성, 제3성, 제4성으로 구성되어 있으며, 파생 성조에는 각각 반3성과 경성이 있다. 우선 여러분이 평소에 편안하게 이야기하는 말의 높이를 숫자 '3', 제일 낮은 음을 숫자 '1', 제일 높은 음을 숫자 '5'로 가정해 보자.

성조유형		표기법	발음방법
기본 성조	제1성	–	5 → 5. 가장 높은 음에서 시작하여 평탄하게 지속한다.
	제2성	/	3 → 5. 중간 높이에서 시작하여 가장 높은 음까지 급격하게 상승한다.
	제3성	V	2 → 1 → 4. 약간 낮은 음에서 제일 낮은 음까지 내려갔다가 약간 높은 음까지 상승한다.
	제4성	\	5 → 1. 가장 높은 음에서 가장 낮은 음까지 급격하게 하강한다.
파생 성조	반3성	V	2 → 1. 약간 낮은 음에서 제일 낮은 음까지 살짝 내려간다.
	경성	표기하지 않음	다른 성조에 비하여 짧고 가볍게 발음하기 때문에 경성(轻声)이라고 하며, 앞 성조에 따라 소리의 높이가 정해진다. 경성의 높이는 각각 제1성 뒤엔 '2', 제2성 뒤엔 '3', 제3성 뒤에선 제3성이 반3성으로 변환되며 '4', 제4성 뒤엔 '1'의 높이로 발성한다.

2. 声母

성모란 음절의 첫머리에 등장하는 자음으로, 성모는 단독으로 발음할 수 없기 때문에 비슷한 자리에서 소리 나는 모음을 같이 붙여서 연습해 보자.

(1) 쌍순음(双唇音): 두 입술 사이에서 나는 소리.

① bo: 입술을 붙였다가 떼면서 우리말의 '뽀'를 발음한다. 이 때 숨이 살짝 새어 나온다.
② po: 입술을 붙였다가 떼면서 우리말의 '포'를 발음한다. 이 때 숨을 한꺼번에 내뱉어야 한다.
③ mo: 입술을 붙였다가 떼면서 우리말의 '모'를 발음한다.

(2) 순치음(唇齿音): 윗니와 아랫입술 사이에서 나는 소리.

① fo: 윗니를 아랫입술에 살짝 붙였다가 떼면서 발음한다. 영어의 'f'음을 연상하면 된다.

(3) 설첨전음(舌尖前音): 혀끝과 윗니 뒷면 사이에서 나는 소리.

① zi: 입술을 좌우 귀 쪽으로 당긴 다음, 혀끝을 윗니와 아랫니의 사이에 대었다가 아랫니 쪽으로 살짝 떼면서 발음한다.
② ci: 'zi'와 발음요령은 같다. 다만, 숨을 강하게 뱉어내야 한다.
③ si: 'zi'나 'ci'의 발음요령과 같다. 우리말의 '쓰'를 발음하는 느낌으로 소리를 낸다.

(4) 설첨중음(舌尖中音): 혀끝과 윗잇몸 사이에서 나는 소리.

① de: 혀끝이 윗니에서 떨어지면서 나는 소리이다. 이 때 숨이 살짝 새어 나온다.
② te: 혀끝이 윗니에서 떨어지는 순간 참고 있던 숨을 한꺼번에 내뱉는다는 느낌으로 발음한다.
③ ne: 우리말의 'ㄴ'을 연상하면 된다.
④ le: 영어의 'l'음을 연상하면 된다.

(5) 설첨후음(舌尖后音): 혀의 앞부분 약간 뒤쪽과 굳은입천장 사이에서 나는 소리.

① zhi: 굳은입천장 부위에 혀끝을 댄 채 자신의 혀로 입천장을 가린다고 생각하면서 발음한다. 발음과정의 처음부터 끝까지 혀를 움직이지 않도록 주의하고, 숨은 가능한 한 억제한다.

② chi: 'zhi'를 발음할 때와 요령은 같지만, 숨을 강하게 뱉는다.

③ shi: 혀의 위치는 'zhi'나 'chi'와 같지만, 혀를 입천장에 완전히 붙이지 않고 살짝 허공에 띄워둔다. 그 다음 목에서 나온 공기가 혀와 입천장 사이에 생긴 틈으로 빠져나가도록 유도한다.

④ ri: 'shi'를 발음하는 요령과 같으나 성대를 훨씬 많이 진동시켜야 한다. 영어의 'r'보다 바람이 빠지는 탁한 소리가 많이 들리는 특수한 성모이다.

(6) 설면음(舌面音): 혀의 한복판에서 나는 소리.

① ji: 혀끝을 아랫니의 뒤쪽에 대고 입술을 좌우 귀 쪽으로 잡아당긴다는 느낌으로 발음한다.

② qi: 혀끝을 아랫니의 뒤쪽에 대고 입술을 좌우 귀 쪽으로 충분히 잡아당긴 상태에서 숨을 내뿜으면서 발음한다.

③ xi: 발음할 때의 요령은 'ji', 'qi'와 같다. 우리말의 '시'와 비슷한 소리가 난다.

(7) 설근음(舌根音): 혀뿌리 쪽에서 나는 소리.

① ge: 혀뿌리를 여린입천장에 대고 있다가 살짝 떼면서 목을 약간 긴장시킨 상태에서 발음한다.

② ke: 혀뿌리를 입천장에 대고 있다가 살짝 떼면서 목을 약간 긴장시킨 상태에서 숨을 강하게 폭발시킨다는 느낌으로 발음한다.

③ he: 우리말의 'ㅎ'이나 영어의 'h'발음할 때보다 좀 더 목을 긴장시킨 상태에서 발음한다.

3. 韵母

운모란 음절의 첫머리를 제외한 나머지 부분으로, 다음 네 가지로 분류할 수 있다.

(1) 단운모(单韵母): 하나의 모음으로 구성된 기본운모.

① a: 우리말의 '아'보다 입을 좀 더 크게 벌리고 발음한다.
② o: 우리말의 '오'보다 입술을 좀 더 둥글게 벌려 발음한다.
③ e: 우리말의 '으'와 '어'를 아주 빨리 같이 발음하듯이 소리 낸다.
④ i: 입술을 양쪽 귀 쪽으로 더 잡아당긴다는 느낌으로 '이'를 길게 발음한다.
⑤ u: 우리말의 '우'를 말할 때보다 입술을 더 둥글게 하고 발음한다.
⑥ ü: 휘파람을 불 때처럼 입술을 둥글게 하고 '위'를 발음하는데, 입술 모양만은 처음부터 끝까지 같은 상태로 유지해야 한다.

(2) 복운모(复韵母): 단운모가 두 개 이상 모여서 이루어진 운모.

① ai, ei, ao, ou: 첫 번째 운모는 조금 세게, 두 번째 운모는 상대적으로 가볍게 발음한다.
② ia, ie, ua, uo, üe: 첫 번째 운모는 조금 약하게, 두 번째 운모는 상대적으로 세게 발음한다.
③ iao, iou, uai, uei: 가운데 운모를 제일 세게 발음하고 앞뒤의 운모는 상대적으로 가볍게 발음한다.
※ [e]가 [ei], [uei], [üe]와 같이 복운모의 일부로 쓰일 때는 우리말의 '에'와 비슷하게 발음한다.

(3) 콧소리 운모(鼻韵母): 모음 뒤에 'n' 이나 'ng' 가 포함된 운모.

① ian과 üan: 가운데[a]는 앞의 [i]와 [ü] 그리고 뒤에 오는 [n]의 영향으로 우리말의 '에'와 비슷하게 변화한다.
② en과 eng: 이 [e]는 우리말의 '어'와 흡사하게 소리 난다.

(4) 혀를 들어 올리는 운모(卷舌韵母)

① er: 혀를 살짝 들어 올려 '얼'을 발음한다.

일본어 기본이해

1. 일본어 글자

일본어 글자는 한자를 이용하여 문자화하였으나 한자의 뜻과는 상관없이 음만을 빌려서 일본어 소리를 표기 하였으며 한자의 형태로 간략하게 하거나, 획만을 빌려서 표음문자로 정착된 것이 히라가나(ひらかな)와 가타가나(カタカナ) 이다. 현재 일본어 문장은 히라가나로 표기하는 것을 기본으로 하여 외래어 등을 가타가나로 표기하고 한자, 로마자, 숫자를 섞어서 표기한다.

1) 히라가나(ひらかな)

한자를 간략화 하여 만든 것으로 한글과 마찬가지로 표음문자이다. '히라가나'는 헤이안 시대(平安時代 : 서기 794~1192)에 확립되어진 일본 여성들이 전통 시나 편지글 등을 쓸 때 주로 사용하던 일본여성 전유 글자였으나 그 편리성이 인정되어 한자만을 사용하던 일본남성들도 점 점 사용하게 되면서 상용화 되었다.

2) 가타가나(カタカナ)

가타가나 또한 표음문자이며 의성어의 표현이나 외래어를 표기하기 위한 글자이다. '히라가나'가 한자의 전체적인 모습을 간략화한 글자인 반면에 '가타가나'는 한자형태 일부분을 따서 만든 글자들이 많으며 히라가나가 곡선형의 부드러운 여성형 글자라면 가타가나는 직선형의 글자이다.

3) 한자(漢子)

일본어에서 한자는 한 글자에 다양한 뜻과 음을 가지고 있어 그 상황에 맞는 음과 뜻을 아는 것이 매우 중요하다. 즉, 음독(音讀)과 훈독(訓讀)이라고 하는 두 개 이상의 발음이 있다.

히라가나 표

행 / 단	아	카	사	타	나	하	마	야	라	와	응
ㅏ	あ a	か ka	さ sa	た ta	な na	は ha	ま ma	や ya	ら ra	わ wa	ん n
ㅣ	い i	き ki	し si	ち chi	に ni	ひ hi	み mi		り ri		
ㅜ	う u	く ku	す su	つ tsu	ぬ nu	ふ hu	む mu	ゆ yu	る ru		
ㅔ	え e	け ke	せ se	て te	ね ne	へ he	め me		れ re		
ㅗ	お o	こ ko	そ so	と do	の no	ほ ho	も mo	よ yo	ろ ro	を o	

가타가나 표

행 / 단	아	카	사	타	나	하	마	야	라	와	응
ㅏ	ア a	カ ka	サ sa	タ ta	ナ na	ハ ha	マ ma	ヤ ya	ラ ra	ワ wa	ン n
ㅣ	イ i	キ ki	シ si	チ chi	ニ ni	ヒ hi	ミ mi		リ ri		
ㅜ	ウ u	ク ku	ス su	ツ tsu	ヌ nu	フ hu	ム mu	ユ yu	ル ru		
ㅔ	エ e	ケ ke	セ se	テ te	ネ ne	ヘ he	メ me		レ re		
ㅗ	オ o	コ ko	ソ so	ト do	ノ no	ホ ho	モ mo	ヨ yo	ロ ro	ヲ o	

1. 고객맞이

Welcoming the Customers : お客様(きゃくさま)のお迎(むか)え / 迎接顧客 Yíngjiē gùkè

고객과 첫 대면은 샵의 이미지를 결정하는 가장 중요한 순간이므로 **고객과 마주하면 다가서서 이야기하듯 환하게 미소** 지으며 서툰 대화라도 최선을 다하는 대화를 해야 한다. **정중한 인사와 정겨운 태도**로 고객이 입점 후 즉시 안내서비스가 이루어 져야한다. 먼저 안내데스크 또는 락커로 안내하면서 담당스타일리스트 여부를 확인하도록 하며 처음 내점한 고객일 경우 어떤 서비스를 받을 것인지 질문하고 **적절한 스타일리스트를 배정**한다. 특히 **재방문고객이라면 그의 이름을 기억해 호명**해주면 더더욱 좋겠다.

동서를 막론하고 자신을 기억해 주는 건 모두 좋아하지만 특히 외국인들은 그런 배려에 더욱 감동하고 가까운 관계로 여겨 자신이 주관하는 파티 등에 초대하곤 한다.

참고

'3.3.3' 법칙

고객이 말씀하시면 30cm 안 가까이로 다가가,
고객말씀에 3번 이상 끄덕이며 경청하고,
고객이 말한 오더사항은 3분 안에 처리함으로써 고객을 존중하라는 것.

고객맞이 표현

안녕하십니까?(아침부터 정오까지)	Good morning.(아침인사)	おはようございます。	早上好。 Zǎoshang hǎo.
안녕하십니까?(정오부터 5시까지)	Good afternoon.(점심인사)	こんにちは。	中午好。 Zhōngwǔ hǎo.
안녕하십니까?(5시 이후)	Good evening.(저녁인사)	こんばんは。	晚上好。 Wǎnshang hǎo.
처음 뵙겠습니다.	How do you do?	はじめまして。	初次见面。 Chūcì jìan miàn.
만나서 반갑습니다.	I'm very glad to see you. Nice to meet you.	お会いできて嬉しいです。	见到您很高兴。 Jiàndào nín hěn gāoxìng.
유스뷰티살롱에 오신 것을 환영합니다.	Welcome to Youth beauty salon.	ユースビューティーサロンへようこそ。 (いらっしゃいませ。)	欢迎来到青年美容沙龙。 Huānyíng láidào Qīngnián Měiróng Shālóng.
잘 지내셨어요? 김 선생님	How are you? Mr. Kim	おげんきでしたか。 キムさん。	金先生，您好吗? Jīn xiānsheng, nín hǎo ma?
가족들은 잘 지내시나요?	Are you all well at home?	ご家族の皆さんもお元気ですか。	您家人都好吗? Nín jiārén dōu hǎo ma?

고객맞이 회답에 많이 쓰이는 표현

감사합니다.	Thank you.	ありがとうございます。	谢谢。 Xièxie.
안녕!	hello!	元気。 げんき。	你好。Nǐ hǎo.
안녕, 잘 지냈어요?	Hi, how are you?	げんき。	嗨，过得好吗? Hǎi, guò de hǎo ma?
네. 잘 지냈어요. 고마워요.	I'm very well. thanks.	はい、げんきです。ありがとう。	我很好，谢谢。Wǒ hěn hǎo, xièxie.
좋아요. 고마워요.	Good, thanks. I'm fine. thank you	はい。ありがとう。 げんきです。ありがとう。	好，谢谢您。 Hǎo, xièxie nín.
좋아요. 고객님은요?	Great, what about you, sir?	はい。お.客様 は。	不错，您呢? Bùcuò, nín ne?
고맙습니다. 고객님은 어떠세요?	Thank you. And you?	ありがとうございます。 お客様はどうですか。	谢谢，您怎么样? Xièxie, nín zěnmeyàng?
괜찮아요.	I'm ok.	大丈夫です。	没事儿。Méiishìr

프론트 데스크 고객맞이

어떻게 도와드릴까요?	What can I do for you today?	どうなさいますか。	有什么可以为您效劳的吗? Yǒu shénme kěyǐ wèi nín xiàoláo de ma?
처음 오셨습니까?	Is this your first time here?	初(はじ)めてですか。	您是第一次光临的吗? Nín shì dì yī cì guānglín de ma?
안녕하세요, 처음 방문이십니까?	Welcome to ○○ salon. Is this your first visiting us?	こんにちは。 こちらは初(はじ)めてですか。	欢迎光临，这是您的第一次来访的吗? Huānyíng guānglín, zhè shì nín de dì yī cì láifǎng de ma?
안녕하세요, 오랜만에 뵙습니다.	Welcome to ○○ salon. It has been a long time.	こんにちは。 お久(ひさ)しぶりです	欢迎光临，好久不见。 Huānyíng guānglín, hǎo jiǔ bù jian.
오늘 어떤 서비스를 받길 원해 오셨나요?	What kind of service would you like?	今日(きょう)はどんなサービスをうけに。 ごられましたか。	您需要哪种服务? Nín xūyào nǎ zhǒng fúwù?
	What can I do for you?	ご来店(らいてん)でしょうか。	有什么可以为您效劳的吗? Yǒu shénme kěyǐ wèi nín xiàoláo de ma?

	How can I help you today?	今日(きょう)はどうなさいますか。	我今天能帮您做些什么? Wǒ jīntiān néng bāng nín zuò xiē shénme?
	How would you like your hair done today?	今日(きょう)はどのようになさいますか。	您的头发要怎样做呢? Nín de tóufa yào zěnyàng zuò ne?
담당디자이너가 있습니까?	Do you have your stylist?	ご希望(きぼう)のデザイナーはい。ますか	您有个人造型师吗? Nín yǒu gèrén zàoxíngshī ma?
특별히 원하는 디자이너가 있습니까?	Do you want any particular stylist?	特(とく)にお気(き)に入(い)りのヘアーデザイナーはいますか。	您在我们美容院里有特别为您服务的造型师吗? Nín zài wǒmen měiróngyuàn li yǒu tèbié wèi nín fúwù de zàoxíngshī ma?
멤버십카드는 가지고 계신가요?	Do you have a membership card?	メンバーシップカードをお持(も)ちですか。	您带会员卡了吗? Nín dài huìyuánkǎ le ma?
그럼 오숙영 헤어디자이너 실장님을 소개해 드릴게요.	Then I recommend you the head of our shop, Sook-Young Oh.	それでは オスクヤングの店長(てんちょう)を紹介(しょうかい)いたします。	那我推荐吴叔英给您认识一下, 她是我们美容院的总监。 Nà wǒ tuījiàn Wú Shūyīng gěi nín rènshi yīxià, tā shì wǒmen měiróngyuàn de zǒngjiān.

잠시 자리에 앉아 기다려주세요.	Please take a seat.	こちらでおがナにな、てお待(ま)ちください。	请坐一坐，等一会儿吧。 Qǐng zuò yi zuò, děng yīhuìr ba.

참고

뷰티싸롱 구성원

- 헤어디자이너 - hair designer/stylist (ヘアーデザイナー)　造型师 zàoxíngshī / 发型设计师 fàxíng shèjìshī
- 스태프, 보조 - Assistant (スタッフ)　助理 zhùlǐ
- 원장 - Owner (いんちょう)　院长 yuànzhǎng
- 매니져 - manager (マネージャー)　管理人 guānlǐrén

프론트데스크 고객회답으로 많이 들을 수 있는 표현

한국어	English	日本語	中文
염색하러 왔습니다.	I'd like to get a hair colored.	染めたいんですけど。	我来染头发。Wǒ lái rǎn tóufa.
아니요, 전에 온 적이 있습니다.	No. I have been here before.	いいえ、きたことがあります。	不，我曾经来过。Bù, wǒ céngjīng láiguo.
예, 저는 이 샵에 처음 왔습니다.	Yes. It is my first time at this shop.	はいこのお店ははじめて来ました。	是的，我是第一次来这家店的。 Shì de, wǒ shì dì yī cì lái zhè jiā diàn de.
리사킴이 제 담당 디자이너입니다.	Risa Kim is my stylist.	リサキムが私の担当のデザイナーです。	金莉莎就是我的个人设计师。 Jīn Lìshā jiù shì wǒ de gèrén shèjìshī.
아무나 커트를 잘하는 사람을 원합니다.	No one in particular, but i'd like someone who is good at cutting.	カットが上手な方をおね。がいします	谁剪发剪得不错，我就要谁剪。 Shéi jiǎn tóu jiǎn de bùcuò.

참고

미용시술메뉴

- 커트 : cut (カット) 剪发 jiǎntóu
- 드라이 : blow-dry (ブロー) 吹干 chuīgān
- 퍼머 : perm(permanent) (パーマ) 烫发 tàngfà
- 헤어매니큐어 : hair manicure (ヘアマニキュア) 染发 rǎnfà
- 염색 : hair color/hair dye (ヘアカラー) 染发 rǎnfà
- 샴푸 : shampoo (シャンプー) 洗头 xǐtóu

미용용어 배경지식쌓기

*** 가발(wig)(ウィッグ/かつら)**

대머리를 감추거나 분장、장식을 위해 머리에 덧얹어 쓰는 자신의 머리가 아닌 가짜머리이다.

*** 가이드라인(guide line)(ガイドライン)**

안내선, 윤곽선, 지침선으로 스타일을 만들 때 기준이 되는 선을 말한다.

*** 가이드 섹션(guide section)(ガイドセクション)**

헤어 커팅 시에 기준이 되는 섹션으로 이 섹션을 기준으로 커팅이 이루어진다.

*** 가이드 존(guide zone)(ガイドゾーン)**

가이드 섹션과 같은 뜻으로 쓰인다.

*** 가이드(guide)(ガイド)**

'안내하다' 라는 뜻으로써 머리를 자를 때 기준이 되는 커트라인으로 고정 가이드(stational guide)와 이동가이드(travelling guide)가 있다.

*** 각화(keratinization)(角(かく)化(か)/ケラチニゼーション)**

하층의 기저층에서 약 28일에서±2일을 기준으로 새로운 세포가 생성되어 순차적으로 상부에 밀려와 각질층을 이루게 되는 과정이며 '케라틴화' 라고도 한다.

*** 간충물질(matrix)(マトリックス)**

모피질의 한부분인 비결정 영역의 섬유 사이를 복잡한 상태로 메우고 있는 부분으로 주성분은 케라틴 단백질이다.

* **건성모**(dry hair)(ドライヘア)

건조해진 모발을 말하며, 이는 모발 손상의 적신호이다.

* **견인탈모증**(alopecia traction)

오랫동안 머리를 단단하게 묶어 두피를 긴장시킴으로 인한 탈모증으로 여성에게 주로 발생하며, 원인 제거 시 원상회복이 가능하다.

* **경단백질**(hard keratin)(硬(こう)ケラチン)

물이나 염료용액에 대한 용해도를 기준으로 하여 단백질을 분류하였을 경우 불용성 단순단백질의 한 군으로 알부미노이드라고도 하며, 엄밀한 정의를 가진 명칭은 아니다.

* **경모**(terminal hair)(硬毛(こうもう))

두피와 얼굴, 손, 발에서 발견되는 거칠고 두껍고 착색된 모발을 말하는데, 성인(成人)모발이라고도 한다.

* **계면활성제**(surfactant)(界面(かいめん)活性剤(かっせいざい))

계면에 잘 달라붙어서 계면의 표면장력(表面張力)을 크게 떨어뜨리는 작용을 하는 물질로 비누·합성세제 따위 등이 있고, 표면 활성제라고도 한다.

* **골든 포인트**(golden point)(ゴールデンポイント)

황금점으로서 가장 중요한데 턱부터 귀 위를 지나는 연장선상과 정중선이 만나는 점을 말한다.

* **곱슬머리**(curly hair)(カーリーヘア)

원인은 분명하지 않으나 유전에 의한다고 한다. 모발의 단면은 보통 원형인데 곱슬머리(축모)의 경우는 편평타원, 또는 편평삼각형 모양을 하고 있다. 동양인은 약 20~30%가 곱슬머리에 속한다.

* **과산화수소**(hydrogen peroxide)(過(か)酸(さん)化(か)水素(すいそ))

수소와 산소의 화합물로 분자식은 H_2O_2이고 순수한 것은 수렴성(收斂性)이 있는 기름 모양의 불안전한 무색의 액체이다.

*** 그라데이션(gradation)(グラデーション)**

어느 한부분이 경계지거나 뭉쳐짐이 없이 점진적으로 변화하거나 이행하는 현상으로 고르게 퍼지는 듯 한 이미지를 보인다.

*** 그래듀에이션(graduation)(グラデュエーション)**

내부(interior)에서부터 외부(exterior)의 모발 길이로 아주 약간의 단차를 붙여주면서 모발의 길이를 연결시켜주는 컷 방법이다.

*** 그래듀에이션 보브(graduation bob)(グラデゥエーションボブ)**

파트라인(가름선)을 살린 오프 더 페이스(off the face)형으로 가벼움과 상쾌함을 구해서 에시메트릭(asymmetric)한 구성으로 어른스런 이미지로 디자인한 스타일이다.

*** 그래듀에이티드(graduated)(グラデュエーティッド)**

두상에서 탑 족으로 갈수록 짧은 머리가 진행감 있게 끊어지는 구조로 모발 표면이 액티베이티드(활동적)해진다. 즉 컷한 모발의 질감이 보이게 된다.

*** 그래듀에이티드 폼(graduated form)(グラデュエーティッドフォーム)**

크레스트 아랫부분(exterior)에서 크레스트 윗부분(interior)으로 갈수록 머리가 길어지는 형을 말하며, 자연 시술각 상태(natural fall)에서는 모발의 끝이 겹쳐 쌓인다.

*** 그래브(grab)(グラブ)**

(미용)모발이 손상되어 머리카락이 다공성화 되어 있을 경우 큐티클 사이로 약제가 침투되어 기대했던 것보다 모발의 염색이 오래 갇혀있는 것을 의미한다.

*** 그래비티 스플릿(gravity split)(グラビティースプリット)**

자연스럽게 생겨나는 가르마로 모발은 자신의 무게로 자연히 수직으로 떨어져 내려 가르마선(parting)이 생긴다.

*** 그루브(grove)(グルーブ)**

헤어컬링 아이롱에 홈이 패여 있는 부분.

*** 기모근(arrector pilorum muscle)(立(りつ)毛(もう)筋(きん))**

피지선 아래쪽에 붙여 있는 털을 서게 하는 불수의 근육이다.

*** 기름샘(sebaceous glands)(皮(ひ)脂(し)腺(せん))**

일명 피지선으로 진피층에 놓여있는데, 모포로부터 측면 압박으로 통하여 피지가 생성되며 하루 평균 1~2g의 피지를 모공을 통해 밖으로 내보낸다.

*** 꼬리빗(rattail comb)(テールコーム)**

끝이 꼬리처럼 생겨서 꼬리빗이라 하는데, 주로 파마시술을 할 때, 섹션을 뜰 때나 수염 분장할 때, 생사를 다듬거나 수염 형태를 잡을 때 사용한다. 그 외에 백콤(back comb)이나 염색에서도 사용하며 아주 가늘고 촘촘한 빗살을 가지고 있다.

2. 고객대기 및 접대

Hospitality for waiting customers : 接待(せったい) / **招待等待的顧客** Zhāodài děngdài

일반적으로 현대인들은 **타이트한** 일상을 보내고 있기 때문에 뷰티살롱에서 대기시간이 길어지는 걸 흔쾌히 받아들이거나 원하는 고객은 없다. 따라서 고객이 대기시간을 지루해하거나 불쾌해 하지 않도록 최대한 배려해야한다. 먼저 **지정 디자이너나 추천 디자이너의 상황을 신속히 파악**해 최대한 **정확할 수 있는 대기시간을 고지**하고 그 시간동안 흥미를 가질 수 있는 **책자**나 **컴퓨터**를 활용하도록 권하고 선택해 제공하며 **식음료** 등을 서빙 하도록 한다.

이때 특히 주의할 점은 **정중하고 밝은 자세로 접객**함으로써 다소 의사소통능력이 되지 않아도 이심전심할 수 있도록 표정관리 및 태도를 바르게 해야 하며 고객으로 하여금 낯선 분위기에서 지루함을 느끼지 않도록 **스타일리스트가 지정되어 연결되어지기까지 끊임없이 관심을 표명**하도록 한다.

대기시간 Stylist 필요한 표현

잠시만 기다려주시겠습니까?	Would you mind waiting for a second?	少々お待ちになってくださいませんか。	麻烦您等一下，好吗? Máfan nín děng yīxià, hǎo ma?
10분정도 기다려 주시겠습니까?	Would you mind waiting about 10 minutes?(공손한 표현)	10分ほどお待ちください。	麻烦您再等十分钟，好吗? Máfan nín zài děng shí fēnzhōng, hǎo ma?
	Can you wait about 10 minutes? (일상적 표현)		能不能再等十分钟? Néng bu néng zài děng shí fēnzhōng?
5분 정도 기다려주시면 됩니다.	It will be waiting about 5 minutes.	5分ほどぐらいお待ちください。	再等五分钟就好了。 Zài děng wǔ fēnzhōng jiù hǎo le.
죄송하지만, 20분 이상 기다리셔야 할 것 같습니다.	I'm sorry. I think it will be more than 20 minutes.	すみません。20分以上かかりそうですが。	非常抱歉，我觉得您要再等二十分钟以上。 Fēicháng bàoqiàn, wǒ juéde nín yào zài děng èrshí fēnzhōng yǐshàng.

리사 킴 원장님은 고객 한 분의 드라이를 마치신 후에 해드릴 수 있습니다. 기다시겠습니까?	Mrs. Lisa Kim will be right with you when she's done with drying one other customer's hair.	リサキム店長はドライのお客様を終えてから出来ますけどお待ちいただけますか。	金莉莎院长给一位顾客吹完风才可以为您服务。Jīn Lìshā yuànzhǎng gěi yī wèi gùkè chuīwán fēng cái kěyǐ wèi nín fúwù. 您愿意等吗? Nín yuànyì děng ma?
예약하셨습니까?	Did you make an appointment?	ご予約なさいましたか。	您预约了吗? Nín yùyuēle ma?
죄송하지만, 오늘 오후는 예약이 다 찼습니다.	I'm sorry. We are all booked up this afternoon. We are all full scheduled.	すみません。 今日の午後は予約でいっぱいです。	对不起, 今天下午我们都订满了。 Duìbuqi,jīntiān xiàwǔ wǒmen dōu dìngmǎle.
이쪽으로 오시겠습니까?	Would you come this way please? Follow me, please	こちらへどうぞ。	请您到这边来。Qǐng nín dào zhèbiān lái.
이쪽으로 앉으시겠습니까?	Please take a seat. Sit down, please.	こちらにすおあわりください。	请您这边坐。Qǐng nín zhèbiān zuò.
가방과 외투를 보관해드릴까요?	May I take your coat and bag?	バッグとコートをあずかりましょうか。	要不要帮您保管手提包和外套? Yào bu yào bāng nín bǎoguǎn shǒutíbāo hé wàitào?
가방에서 꺼낼 물건 없으세요?	Is there anything you want from the bag?	バッグから出すものはないですか。	您的手提包里有没有什么要拿出来的东西? Nín de shǒutíbāo li yǒu méiyou shénme yào ná chūlái de dōngxi?

외투를 걸어 드릴까요?	May I hang your coat?	コートをかけましょうか。	要不要帮您挂外套? Yào bu yào bāng nín guà wàitào?
손님의 소지품을 보관해 드릴 수 있습니다.	We can keep your belongings.	お客様の貴重品がございましたら、お預かりします。	我可以帮您保管携带物品。 Wǒ kěyǐ bāng nín bǎoguǎn xiédài wùpǐn.
사물함 키를 드리겠습니다.	Here is your locker key.	ロッカーのかぎです。	给您储物柜的钥匙。 Gěi nín chǔwùguì de yàoshi.
귀중품은 가방에 넣으시거나 카운터에서 별도로 보관해 드립니다.	You can keep your valuables in your bag or leave them at the counter.	貴重品は鞄の中に入れるかカウンターにお預けください。	您可以把您的贵重物品放在您的包里或者寄存在柜台上。 Nín kěyǐ ba nín de guìzhòng wùpǐn fàngzài nín de bāo li huòzhě jìcún zài guìtái shang.

고객대기 서비스대화의 예

S : 먹을 것을 좀 드릴까요?	Would you like something to eat?	あ食べ物はいかがですか。	你想吃点东西吗? Nǐ xiǎng chī diǎn dōngxi ma?
읽을 것을 좀 드릴까요?	Would you like something to read?	お読み物はいかがですか。	你想要阅读的东西吗? Nǐ xiǎngyào yuèdú de dōngxi ma?
기다리시는 동안 잡지 좀 드릴까요?	Would you like to read some magazines while you are waiting.	お待ちになる間雑誌はいかがですか。	等待的时候，您想要阅读一些杂志吗? Děngdài de shíhou, nín xiǎngyào yuèdú yī xiē zázhì ma?
C : 아니요, 괜찮아요.	No thank you.	あ、いいです。	不用，谢谢您。bùyòng, xièxie nín.
S : 음료를 준비해 드릴까요?	Would you like something to drink?	お飲み物はいかがですか。	您想喝点儿东西吗? Nín xiǎngyào diǎnr dōngxi ma?
C : 네, 감사합니다. 무엇이 있죠?	Yes, thanks. What do you have?	ええ、どうも。 何がありますか。	好的，谢 Hǎo de, xièxie nín. Qǐng wèn yǒu shénme yǐnliào ne?

한국어	English	日本語	中文
S : 샌드위치와 커피, 녹차, 아이스티, 레몬차, 오렌지주스가 있습니다.	We have sandwich, coffee, green tea, Ice tea, lemon tea, and orange juice.	サンドイッチ、コーヒー、アイスティー、レモンティー、オレンジジュースがあります。	我们这儿有三明治、咖啡、绿茶、冰茶和橙子汁。 Wǒmen zhèr yǒu sānmíngzhì、kāfēi、lǜchá、bīngchá hé chéngzizhī.
C : 샌드위치와 커피주세요.	I will have sandwich and coffee please.	サンドイッチとコーヒーをください。	我要三明治和咖啡。 Wǒ yào sānmíngzhì hé kāfēi.
S : 녹차 드릴까요?	Would you like to drink a green tea?	お茶はいかがですか。	要不要喝绿茶? Yào bu yào hē lǜchá?
C : – 네.	Yes, please.	はい。	行。Xíng.
– 아니요, 주스 부탁해요.	No. Soft drinks please.	あ、ジュースをお願いします。	不要，我要喝果汁。 Bù yào, wǒ yào hē guǒzhī.
S : 시원한(따뜻한) 마실 것 좀 드릴까요?	Would you like something cold(hot) to drink?	つめたい(あたたかい)お飲み物はいかがですか。	您想不想喝点冷饮(热饮)? Nín xiǎng bu xiǎng hē diǎn lěngyǐn(rèyǐn)?
C : 괜찮습니다. 그냥 물주세요.	No. thank you. Just water, please	あ、いいです。お水をお願いします。	不，谢谢您。就给我一杯水。 Bù, xièxie nín. Jiù gěi wǒ yī bēi shuǐ.
S : 잠시만 기다려주세요.	Just a second, please	少々お待ちください。	稍等一会儿。Shāo děng yīhuìr.

C : 네, 알겠습니다.	Okay. I got it.	はい、わかりました。	好，我知道了。Hǎo, wǒ zhīdàole.
S : 기다려주셔서 감사합니다.	Thank you for waiting.	おまたせしました。	谢谢您的等候。Xièxie nín de děnghòu.
오래 기다리셨습니다. 이쪽으로 오십시오.	I'm sorry to kept you waiting.	おまたせしました。 こちらへどうぞ。	让您久等了，请跟我来到这边。 Ràng nín jiǔ děng le, qǐng gēn wǒ láidào zhèbiān.
A : 커피는 어떻게 드릴까요?	How do you like your coffe?	コーヒーはどうなさいますか。	您想喝什么样的咖啡? Nín xiǎng hē shénmeyàng de kāfēi?
C : 블랙으로 주세요.	Just black, please.	ブラックでお願いします。	我喝黑咖啡。Wǒ hē hēi kāfēi.
설탕을 빼주세요.	No sugar, please.	さとうなしでお願いします。	不加糖 Bù jiā táng.
프림을 빼주세요	No cream, please.	ミルクなしでお願いします。	不加奶精。Bù jiā nǎijīng.
설탕, 프림 다 넣어 주세요.	I will take it with sugar and cream.	さとうとミルクをいれてお 願いします。	糖和奶精我都要。 Táng hé nǎijīng wǒ dōu yào.

알아두어야 할 단어

외투	jacket	ジャンバー	外套 wàitào	사물함열쇠	locker key	ロッカー	储物柜的钥匙 chǔwùguì de yàoshi
지갑	purse	財布(さいふ)	钱包 qiánbāo	소지품	belongings	所持品(しょじひん)	携带物品 xiédài wùpǐn
귀중품	valuables	貴重品(きちょうひん)	贵重物品 guìzhòng wùpǐn	핸드폰	cell-phone	携帯(けいたい)	手机 shǒujī
가방	bag	鞄(かばん)	包 bāo	코트	coat	コート	外套 wàitào
목도리	scarf	マフラー	围巾 wéijīn	커피	coffee	コーヒー	咖啡 kāfēi
녹차	green tea	お茶(ちゃ)	绿茶 lǜchá	얼음물	ice water	氷水(こおりみず)	冰水 bīngshuǐ
따뜻한 음료	hot drink	温(あたた)かい飲(の)み物(もの)	热饮 rèyǐn	과자	snacks	お菓子(かし)	饼干 bǐnggān
청량음료	soft drink	ドリンク(どりんく)	软饮料 ruǎn yǐnliào	찬 음료	cold drink	冷(つめ)たい飲(の)み物(もの)	冷饮 lěngyǐn
쿠키	cookies	クッキー	曲奇饼 qūqíbǐng	잡지	magazine	雑誌(ざっし)	杂志 zázhì
신문	newspaper	新聞(しんぶん)	报纸 bàozhǐ	냉커피	ice coffee	アイスコーヒー	冰咖啡 bīng kāfēi
토스트	toast	トースト	土司 tǔsī				

Stylist와 고객대면

S : 제가 오늘 담당 디자이너 지현입니다. 만나서 반갑습니다!	I'm Ji-Hyun, your designer for today. Nice to see you!	私が今日担当させていただきます。ジヒョンと申しますよろしくおねがいします。	我是今天为您服务的造型师智贤。见到您很高兴。Wǒ shì jīntiān wèi nín fúwù de zàoxíngshī Zhìxián. Jiàndào nín hěn gāoxìng.
제가 오늘 고객님을 도와드리겠습니다.	I will help you today.	私が今日お客様を手伝わせていただきます。	今天我来为您效劳的。Jīntiān wǒ lái wèi nín xiàoláo de.
저는 디자이너 김강증이고, 제 스태프 제인입니다.	I'm your stylist Kang-Jeung Kim, and she is my assistant Jane.	私ははスタイリストのキムカンジュンで、私のスタッフのジェーンです。	我是您的造型师，叫金强证。他是我的助理简。 Wǒ shì nín de zàoxíngshī, jiào Jīn Qiángzhèng. Tā shì wǒ de zhùlǐ Jiǎn.
C : 만나서 반가워요.	I'm happy to meet you, too. I'm so glad to meet you.	はじめまして。	认识您很高兴。Rènshi nín hěn gāoxìng.
S : 고객님 성함이 어떻게 되십니까?	May I ask your name?	お客様のお名前は何んでしょうか。	您贵姓? Nín guì xìng?

C : 정지수입니다.	My name is Gee-Su Jung.	ジョンジスです。	我叫郑智秀。Wǒ jiào Zhèng Zhìxiù.
S : 성함 스펠링이 어떻게 되시죠?	How do you spell your name?	ロマ字でお願(ねが)いします。	您的大名怎么拼写? Nín de dàmíng zěnme pīnxiě?
C : g,e,e,s,u,j,u,n,g입니다.	It's g,e,e,s,u,j,u,n,g.	g,e,e,s,u,j,u,n,gです。	g,e,e,s,u,j,u,n,g。
S : 전화번호가 어떻게 되시죠?	May I have your phone number?	お電話番号(でんわばんごう)は何番(なんばん)ですか。	您的电话号码是多少? Nín de diànhuà hàomǎ shì duōshao?
C : 전화번호는 012-345-6789입니다.	It's Zero one two(pause) three four five(pause) six seven eight nine.	012(ぜろいちに)の345(さんよんご)の6789(ろくななはちきゅう)です。	我的号码是012-345-6789。 Wǒ de hàomǎ shì líng yāo èr sān sì wǔ liù qī bā jiǔ.
S : 주소가 어떻게 되세요?	What's your address?	ご住所(じゅうしょ)をお願(ねが)いします。	您的住址是? Nín de zhùzhǐ shì?
C : 전북 전주시 완산구 서신동 796-5입니다.	It is 796-5 Seosin dong, Wansan gu, Jeonju si, Jeonbuk, Korea.	ジョンブク チョンジュシ ワンサンクソシンドン 796(ななきゅうろく)の5(ご)です。	全北全州市完山区西新洞796-5。 Quǎnběi Quánzhōu shì Wánshān qū Xīxīn dòng qībǎi jiǔshíliù zhī wǔ.

C : 커트는 얼마인가요?	How much is it for a haircut?	カットはいくらですか。	理发的费用是多少钱? Lǐfà de fèiyòng shì duōshao qián?
S : 2만원입니다.	It's 20,000won.	2万ウォンです。	韩币两万块钱。Hánbì liǎngwàn kuài qián.
C : 드라이도 포함되나요?	Does that price include a blow dry? Is this including a hair-dry?	ブローこみですか。	包括吹干服务的费用吗? Bāokuò chuīgān fúwù de fèiyòng ma?
S : 네, 커트 가격에는 샴푸와 드라이가 포함되어 있습니다.	Yes, the price includes a shampoo and blow dry/hair-dry.	はい。カットの値段は シャンプーとブローこみです。	没错，理发费里包括洗发和吹干的服务费用。 Méicuò, lǐfà fèiyòng li bāokuò xǐfà hé chuīgān de fúwù fèiyòng.
C : 퍼머는 얼마인가요?	How much is it for a perm?	パーマはいくらですか。	卷发多少钱? Juǎnfà duōshao qián?
S : - 10만원입니다.	It's 100,000won.	10万ウォンです。	韩币十万块钱。Hánbì shíwàn kuài qián.
- 5만원부터입니다.	It starts from 50,000won.	5万ウォンからです。	从韩币五万块钱开始。 Cóng Hánbì wǔwàn kuài qián kāishi.
- 5만원부터 20만원까지 있습니다.	The price of a perm ranges from 50,000won to 200,000won.	5万から20万ウォン。 まであります	烫发的价格范围是从五万到二十万块。 Tàngfà de jiàgé fànwéi shì cóng wǔwàn dào èrshí wàn kuài.
C : 샴푸가 포함된 가격인가요?	Does that price include a shampoo?	シャンプーこみですか。	包括洗发的服务吗? Bāokuò xǐfà de fúwù ma?

S : 네, 샴푸 포함입니다.	Yes, the price includes a shampoo.	はい、シャンプーこみです。	对，包括洗发的服务。 Duì, Bāokuò xǐfà de fúwù.
아니요, 샴푸는 따로 5천원입니다.	No, a shampoo is 5,000won extra. The shampoo will be charged extra 5,000won.	いいえ、シャンプーは 別(べつ)に5千(ごせん)ウォン(うおん)かかります。	不，洗发服务另外收五千块。 Bù, xǐfà fúwù lìngwài shōu wǔqiān kuài.
C : 커트하고 염색하는데 얼마죠?	How much is it for a cut and coloring?	カットとカラーでいくら ですか。	剪发和3染发要花多少钱? Jiǎnfà hé rǎnfà yào huā duōshao qián?
S : 커트는 2만원이고 염색은 5만원이에요. 다해서 7만원입니다.	A cut is 20,000won and coloring is 50,000won. So, It will be total 70,000won.	カットは2万(にまん)ウォン(うおん)、 カラーは5万(ごまん)ウォンです。 ぜんぶで7万(ななまん)ウォンになります。	剪发两万、染发五万，一共是七万块。 Jiǎnfà liǎngwàn、rǎnfà wǔwàn, yīgòng shì qīwàn kuài.

숫자읽기 알기

숫 자	numeral	すうじ	数字	숫 자	numeral	すうじ	数字
1	one	いち	一 yī	2	two	に	二 èr
3	three	さん	三 sān	4	four	し、よん	四 sì
5	five	ご	五 wǔ	6	six	ろく	六 liù
7	seven	しち, なな	七 qī	8	eight	はち	八 bā
9	nine	く、きゅう	九 jiǔ	10	ten	じゅう	十 shí
11	eleven	じゅういち	十一 shíyī	12	tweleve	じゅうに	十二 shíèr
13	thirteen	じゅうさん	十三 shísān	14	fourteen	じゅうし	十四 shísì
15	fifteen	じゅうご	十五 shíwǔ	16	sixeen	じゅうろく	十六 shíliù
17	seventeen	じゅうしち	十七 shíqī	18	eighteen	じゅうはち	十八 shíbā
19	nineteen	じゅうく	十九 shíjiǔ	20	twenty	にじゅう	二十 èrshí

숫 자	numeral	すうじ	数字	숫 자	numeral	すうじ	数字
30	thirty	さんじゅう	三十 sānshí	40	fourty	よんじゅう	四十 sìshí
50	fifty	ごじゅう	五十 wǔshí	60	sixty	ろくじゅう	六十 liùshí
70	seventy	ななじゅう	七十 qīshí	80	eighty	はちじゅう	八十 bāshí
90	ninety	きゅうじゅう	九十 jiǔshí	100	one hundred	ひゃく	一百 yībǎi
1,000	one thousand	せん	一千 yīqiān	10,000	ten thousand	いちまん	一万 yīwàn
100,000	one hundred thousand	じゅうまん	一十万 yīshí wàn	1,000,000	one million	ひゃくまん	一百万 yībǎi wàn

미용용어 배경지식 쌓기

*** 나모**(spiral hair)(スパイラルヘア)

모발에는 구부러지는 것이 있는데, 구부러지는 모발의 대부분은 다른 털과 복잡하게 엉키게 되며, 머리카락이 몹시 강하여 그 중에는 한 가닥, 한 가닥이 말려 있는 모발이 있다. 이를 나모라 하며 주로 아프리카의 흑색 인종、코이산인종、멜라네시아제족、파푸아제족、안다만인에게서 많이 볼 수 있다. 나선모라고도 한다.

*** 나칭**(notching)(ナッチング)

칩핑과 동일한 의미로서 가위로 모발을 톱니 모양으로 커트하는 테크닉을 말한다.

*** 남성형 탈모**(male pattern alopecia)(男性(だんせい)型(がた)脱(だつ)毛(もう))

초기 증상은 20대에서 30대에 걸쳐 남성이 이마가 넓어지기 시작하여 이마 옆 부위가 위쪽으로 다 올라가 M자 모양으로 진행된다. 더 진행되면 섬 모양으로 가운데 머리가 빠지고 서로 만나 진형적인 대머리가 된다.

*** 납작한 브러시**(flat brush)(フラットブラシ)

선을 그릴 때는 탄력이 강한 납작한 브러시를 이용하면 편리하며, 면을 표현할 때는 납작하면서도 부드러운 브러시를 이용하면 자연스러운 느낌으로 완성할 수 있다.

*** 내로 섹션**(narrow section)(ナローセクション)

좁고 적게 나누는 섹션.

*** 내분비성탈모**(endocrine alopecia)(内分泌(ないぶんぴつ)性(せい)脱(だつ)毛(もう))

내분비계통의 질환이 있을 때 생기는 탈모현상이다.

* **내추럴 드라이(natural dry)(ナチュラルドライ)**

① 자연스럽게 보이도록 건조 시키는 것, 즉 자연건조를 말한다.

② 드라이어 따위를 사용하지 않고 빗이나 브러시를 사용하여 자연 건조시키는 방법, 또는 램프드라이어 등의 열선을 사용하는 방법 등도 있는데 이러한 방법을 자연건조라 한다.

* **내추럴 디렉션(natural direction)(ナチュラルディレクション)**

머리가 자연스럽게, 즉 중력에 의해 떨어지는 방향에 의해 빗질되는 것을 말하며, 이런 상태로 컷 할 경우 그래듀에이션이 작게 만들어진다.

* **내추럴 루트 리프트(natural root lift)(ナチュラルルートリフト)**

모발의 뿌리가 자연스럽게 들려지게 하는 것이다.

* **내추럴 무브먼트(natural movements)(ナチュラルムーブメント)**

자연스러운 움직임이라는 뜻으로 빗질할 때 중력에 의해 떨어지는 모발의 움직임을 말한다.

* **내추럴 셰이프(natural shape)(ナチュラルシェイプ)**

자연스러운 모발의 흐름에 맞추어 빗질하는 것이다.

* **내추럴 스트레이트(natural straight)(ナチュラルストレート)**

머리칼이 자연스럽고 바르게 내려오는 스타일이다.

* **내추럴 웨이브(natural wave)(ナチュラルウェーブ)**

웨이브를 일부러 만들지 않고 자연적으로 된 머리 형태나 웨이브를 말한다.

* **내추럴 컬러(natural color)(ナチュラルカラー)**

자연물의 색상에서 볼 수 있는 색이다.

*** 내추럴 컬리 헤어(natural curly hair)(ナチュラルカーリーヘア)**

유전적으로 타고난 곱슬머리로 서양 사람들은 이 자연곱슬이 많으며, 직모보다 더 다공성 모발이기 때문에 부풀어 오르는 성격이 강해 취급할 때 주의해야 한다.

*** 내추럴 컷(natural cut)(ナチュラルカット)**

모발이 나 있는 방향에 따라 자연 상태의 흐름대로 컷한다.

*** 내추럴 파트(natural part)(ナチュラルパート)**

자연적으로 모발이 난 방향에서 자연적으로 만들어지는 가르마 선을 말한다.

*** 내추럴 포인트(natural point)(ナチュラルポイント)**

자연적인 포인트로서 가마(whorl)를 가르킨다.

*** 내추럴 폴(natural fall)(ナチュラルフォール)**

모발이 머리의 곡면 위로 자연스럽게 늘어뜨린 자연스러운 모결의 흐름이다.

*** 네이프(nape)(ネイプ)**

목덜미를 뜻하며, 네이프 헤어란 후두부에서 목 부분까지를 말한다.

*** 네이프 라인(nape line)(ネイプライン)**

목덜미 부분의 모발과 피부의 경계선으로 후두부에서 머리가 나기 시작한 곳의 선을 말하며, 헴라인(hemline)이라고도 한다.

*** 노멀 프로젝션(normal projection)(ノーマルプロジェクション)**

일반 시술각으로 두상의 곡면에서 hair strand를 90° 로 들었을 때 hair strand의 모습을 그림(hair set)으로 그려서 hair style을 추상적으로 관찰된 이 모습으로 구조, 즉 디자인의 길이 배열을 분석할 수 있게 된다. 보통 일반 시술각은 컷의 구조를 분석하기 위해 사용되며 유니폼 레이어형 시술 시에도 사용된다.

＊논 스템 컬(non stem curl)(ノンステムカール)

스템이 없는 컬, 즉 컬에 있어서 모발 스트랜드 뿌리 부분의 가라앉는 부분이 없는 컬을 말한다.

＊노칭(notching)(ナッチング)

모발의 길이를 불규칙하게 만들어 두껍게 떨어지는 질감을 만드는데 사용되는 기법으로 가위, 레이저, 또는 바리캉을 이용한다.

＊노트 스타일(knot style)(ノットスタイル)

크게 갈라 잡은 파넬을 땋은 상태로 묶어서 꾸며준 것이다.

＊노티드 헤어(knotted hair)(ノッティッドヘア)

매듭진 모발, 또는 얽거나 엮은 모발이다.

＊논 섹스 컷(non sex cut)(ノンセックスカット)

'성이 없는 컷' 이라고 하며,cut style인 소재에 대해 남녀의 차이는 없다는 원점으로 되돌아가는 논섹스 패션을 기점으로 하는 컷이다.

＊논스트리핑 샴푸제(nonstripping shampoos)(ノンストリッピングシャンプー)

영구적인 염색 또는 탈색한 두발에 색상이 제거되지 않으면서 깨끗하게 씻기는 샴푸제.

＊뉴 비숍 컷(new bishop cut)(ニュービショップカット)

전후로 연장되는 실루엣선 안에서 원점을 구하고, 목덜미의 깃 닿는 부분을 깎아 올리고 사이드의 직선을 강조한 스타일이다.

3. 예약 및 전화응대

Reservation and telephone response

豫約(よやく)・電話(でんわ)の応対(おうたい) / **預約及電話應對礼儀** Yùyuē jí diànhuà yìngduì lǐyí

고객이 없는 샵은 존재할 수 없고 또 고객예약이 곧 샵 소득의 원천이 되므로 당연히 친절한 자세로 고객을 대해야 한다. **예약고객과 대화**중 문장을 마무리 짓는 어미에는 **'다까체'** 와 **'요죠체'** 두 가지로 크게 나누어 사용하도록 한다. '요죠체' 는 "이쪽으로 오세요" 의 "요" 와 "3시에 예약하셨죠?" 의 "죠" 로 **친근함을 나타내는 형태의 어미**를 **'요죠체'** 라 하고, "샴푸실로 모시겠습니다" 의 "다" 와 "이쪽으로 오시겠습니까?" 의 "까" 를 합친 **'다까체'** 는 **좀 더 정중한 표현의 어미**를 사용토록 권한다. 어린이고객이 많다면 친근하고 편안함을 주는 요조체 비율을 높여야하며, 품위 있는 수준의 서비스가 요구되어지는 고객의 경우 다까체의 비율을 높여 사용하는 것이 좋다.

전화응대는 얼굴이 보이지 않는 상태에서 오직 목소리만을 가지고 판단하기 때문에 목소리의 톤, 친절성, 상대방에 대한 배려 등이 그 사람의 됨됨이를 엿보게 한다. 특히 서비스 업무에서 전화응대 수준은 **샵의 첫인상을 결정짓는 순간**으로 받아들여지기 때문에 매너 있는 전화가 고객만족도의 결정적인 요소로 꼽을 수 있다. 전화는 얼굴 없는 만남으로 샵의 첫인상을 나타내주는 것으로 전화 받는 사람은 그가 누구이든지 자신이 샵을 대표하는 최일선에서 고객을 맞이하는 사람이라 생각해야한다.

- 전화는 신속하고 정확하게, 그리고 옆 사람과 대화하듯이 따뜻하게 한다.
- 수화기가 세 번 이상 울리기전에 받는다.
- 전화는 상대방이 먼저 끊을 때까지 기다렸다가 끊는다.
- 목소리와 함께 따뜻한 미소를 보낸다.
- 받는 사람의 소속과 직함, 이름을 분명히 밝힌다.

예 약

S : 반갑습니다. 동그라미뷰티살롱 윤소희 매니저입니다.

Good morning (afternoon) this is Sohee Yoon, manager of DONGGRAMI Beauty Salon.

こんにちは。ドングラミビューティーサロンのユンソヒーマネージャーです。

欢迎光临，我叫尹昭熹，是DONGGRAMI美容沙龙的经理。
Huānyíng guānglín, wǒ jiào Yǐn Zhāoxī, shì DONGGRAMI Měiróng Shālóng de jīnglǐ.

C : 예약하고 싶어요.

I'd like to make an appointment.

予約したいんですが。

我想预约。Wǒ xiǎng yùyuē.

S : 감사합니다. 언제로 해드릴까요?

Thank you very much. when would you like to visit us?

ありがとうございます。いつがよろしいですか。

谢谢，你想什么时候预约呢?
Xièxie, nǐ xiǎng shénme shíhou yùyuē ne?

C : 이번 토요일 아침으로 예약하고 싶어요.

I'd like to visit in this Saturday morning.

今週の土曜日の朝がいいんですが。

我想预约本周星期六早上的。
Wǒ xiǎng yùyuē běn zhōu xīngqīliù zǎoshang de.

S : 죄송하지만 예약이 다 찼습니다.

I'm sorry, we are fully booked at that time.

すみません。予約がいっぱいです。

对不起，预约已经满了。
Duìbuqi, yùyuē yǐjing mǎn le.

C : 이번 주 일요일에 가능한가요?

Is this Sunday possible?

今週の日曜日はどうでしょうか。

这周日可以吗?
Zhè zhōurì kěyǐ ma?

S : 그러죠. 성함이 어떻게 되세요?	That's fine. May I have your name?	はい。 お名前をお願いします。	可以的，您的名字是? Kěyǐ de, nín de míngzi shì?
C : 김태완입니다.	T,A,E,W,A,N, K,I,M.	キム テワンです。	金太婉。Jīn Tàiwǎn.
S : 아침 10시는 어떠세요?	How about ten in the morning?	朝の10時はいかがでしょうか。	早上十点怎么样? Zǎoshang shí diǎn zěnmeyàng?
C : 네. 그때 뵙죠.	Ok. see you then.	ええ、いいです。 で予約をお願いします。	好，到时候见。 Hǎo, dào shíhou jiàn.

전화응대하기

S : 여보세요? 동그라미뷰티살롱입니다.	Hello, This is DONGGRAMI beauty salon.	もしもし。ドングラミ ビューティーサロンです。	喂，这里是DONGGRAMI美丽沙龙。 Wéi, zhèli shì DONGGRAMI měiróng shālóng.
C : 김수아씨 부탁합니다.	May I speak to Su-A Kim?	キムスアさんお願いします。	请帮忙找一下金秀雅啊。 Qǐng bāngmáng zhǎo yīxià Jīn Xiùyǎ.
S : 잠시만 기다리세요.	One moment, please Just a moment, please Hold on, please	少々お待ちください。	请稍等。Qǐng shāo děng.
영어를 잘하는 누군가를 바꿔주겠습니다.	I'll get someone who can speak English well.	英語が出来る人に代わります。	我想找一位可以说英语的。 Wǒ xiǎng zhǎo yī wèi kěyǐ shuō Yīngyǔ de.
잠시만 끊지 말고 기다리시겠습니까?	Can you hold, please? Please bare with me!	切らずにおまちいただけますか。	请不要挂断电话，稍等一下。 Qǐng bù yào guàduàn diànhuà, shāo děng yīxià.

S2 : 전화 바꿨습니다. 헤어스타일리스트 김수아입니다.	This is Hairstylist Su A Kim speaking.	お待たせしました。 ヘアースタイリストの キムスアです。	让您久等了，我是发型造型师金秀雅。 Ràng nín jiǔ děngle, wǒ shì fàxíng zàoxíngshī Jīn Xiùyǎ.
어떻게 도와드릴까요?	(How)May I help you?	どうなさいましたか。	有什么可以帮忙的吗? Yǒu shénme kěyǐ bāngmáng de ma?
전화하신 분은 누구십니까?	(How)Can I help you? Who is on the line, sir?	どちらさまですか。	您是哪位? Nín shì nǎ wèi? 在线上的是哪一位? Zài xiàn shang de shì nǎ yī wèi?
죄송합니다만 잘 안 들립니다.	I'm sorry, I can't here you well.	すみません。 よくきこえません。	对不起，有点儿听不清。 Duìbuqi, yǒudiǎnr tīng bu qīng.

전화를 잘못 걸었을 때의 응대

어디에 전화하신 겁니까?	Where are you calling to?	どちらにおかけですか。	您想打到哪里? Nín xiǎng dǎdào nǎli?
전화를 잘못 거셨습니다.	You've got the wrong number.	お間違いのようですね。	您好像打错电话了。 Nín hǎoxiàng dǎcuò diànhuà le.
김남훈씨는 여기 근무하시지 않습니다.	Nam-Hoon Kim does not work here.	キムナムフンさんは ここでは働いておりませんが。	金南勋不在这里上班。 Jīn Nánxūn bù zài zhèli shàngbān.

바꿔줄 상대가 부재 중일 때

죄송합니다만, 그는 지금 안계십니다.	I'm sorry but he's not here now.	すみませんが、 彼は今はいません。	对不起，他现在不在。 Duìbuqi, tā xiànzài bù zài.
지금 회의중이십니다. /손님과 함께 계십니다.	He's at the meeting /he has a visitor.	今会議中です。 /お客様と一緒にいます。	现在正在开会。/ 现在和客人在一起。 Xiànzài zhèng zài kāihui./ Xiànzài hé kèrén zài yīqǐ.

화장실에 잠시 가신 모양입니다. 곧 돌아오실 겁니다.	I think he went to the restroom now. He'll be back soon.	トイレに行ったようですね。 もうすぐ戻ると思います。	好像去了卫生间。 Hǎoxiàng qùle wèishēngjiān. 马上就会回来的。 Mǎshang jiù huì huílái de.
방금 나가셨습니다.	He's just stepped out.	今ちょうど出かけておりますが。	刚刚出去。Gāng gāng chūqù.
오늘 아파서 조퇴하셨습니다.	He's out sick today.	今日は体の調子が悪くて。 早退しました	今天身体不舒服早退了。 Jīntiān shēntǐ bù shūfu zǎotuìle.
그는 지금 다른 전화를 받고 있습니다.	He's on the other line.	彼は他の電話に出ております。	他正在接别的电话。 Tā zhèng zài jiē bié de diànhuà.
그는 지금 몹시 바쁩니다.	He is very busy.	彼は今手がはなせないのですが。	他现在非常忙。 Tā xiànzài fēicháng máng.
10분 뒤에 다시 전화하시겠습니까?	Could you call me back ten minutes later?	10分後にもう一度お電話いただけますか。	十分钟后会给您回电话的。 Shí fēnzhōng hòu huì gěi nín huí diànhuà de.

부재중인 상대에게 메시지를 남길 때

메시지를 남겨도 될까요?	Can I leave a message?	伝言お願いできますか。	我可以留个短信吗? Wǒ kěyǐ liú ge duǎnxìn ma?
그에게 돌아오면 내게 전화해달라고 전해주십시오.	Please tell him to call me back.	彼に戻ったらお電話するょうに伝えてください。	他回来的话, 请转告他给我回电话。 Tā huílái de huà, qǐng zhuǎngào tā gěi wǒ huí diànhuà.
그가 돌아오면 재경이한테 전화왔었다고 전해주십시오.	Please tell him that Jaegyeon called.	ジェギョンから電話があったと伝えてください。	他回来的话, 麻烦转告他刚才在卿打电话来了。 Tā huílái de hua, máfan zhuǎngao ta gāngcái Zàiqīng dǎ diànhuà lái le.
15분 후 다시 전화하겠습니다.	I'll call back in 15 minuted.	15分後にもう一度かけなおします。	我会十五分钟后再打来的。 Wǒ huì ㅛshíwǔ fēnzhōng hòu zài dǎlái de.
돌아오는 대로 즉시 전화해달라고 전해주십시오.	Please let him call me back as soon as possible.	戻ったらすぐ電話をするょうに伝えてください。	他一回来就告诉他给我回电话。 Tā yī huílái jiù gàosu tā gěi wǒ huí diànhuà.

그에게 1234−5678로 전화해달라고 전해주십시오.	Please ask him to call me at 1234−5678	彼1234の5678まで電話するょうに伝えてください。	请告诉他打1234−5678找我。 Qǐng gàosu tā dǎ yāo èr sān sì wǔ liù qī bā zhǎo wǒ.
오늘 저녁에 다시 전화하겠다고 전해주시겠어요?	Could you tell him I'll call back this evening?	今夜また電話すると。伝えてもらえますか	请转告他晚上我会再给他打电话的。 Qǐng zhuǎngào tā wǎnshang wǒ huì zài gěi tā dǎ diànhuà de.
그녀에게 내가 다시 전화하겠다고 전해주시겠어요?	Could you tell her I'll get back to her later?	彼女にまたこちらからおりかえしますと伝えてもらえますか。	请转告她我会再给她打电话的。 Qǐng zhuǎngào tā wǒ huì zài gěi tā dǎ diànhuà de.
내가 한 시간 내로 다시 전화한다고 전해주겠어요?	Would you tell him I'll call back in an hour?	私が1時間以内にまたかけなおすと伝えてもらえますか。	请转告他我会在一小时之内再给他打电话的。 Qǐng zhuǎngào tā wǒ huì zài yī xiǎoshí zhī nèi zài gěi tā dǎ diànhuà de.
그녀에게 점심시간 후에 다시 전화하겠다고 전해주세요.	Please tell her I'll try again after lunch.	昼休みが終わったらまたかけなおすと伝えてください。	请转告她等我吃完午饭会再给她打电话的。 Qǐng zhuǎngào tā děng wǒ chīwán wǔfàn huì zài gěi tā dǎ diànhuà de.
괜찮습니다. 나중에 전화 드리죠.	That's ok. I'll call you back.	けっこうです。あとでまたかけます。	没关系，以后我会给你打电话的。Méi guānxi, yǐhòu wǒ huì gěi nǐ dǎ diànhuà de.

상대가 돌아오는 시간을 물을 때

언제 돌아오나요?	When will he be back?	いつお戻りになりますか。	你什么时候回来? Nǐ shénme shíhou huílái?
그가 언제쯤 들어오실까요?	Do you know when he will be back?	いつごろお戻りになりますか。	你知道他什么时候回来吗? Nǐ zhīdao tā shénme shíhou huílái ma?
언제쯤 다시 전화하면 그가 있을까요?	When can I get in touch with him?	いつごろかけなおせばいいですか。	什么时候打电话, 他在呢? Shénme shíhou dǎ diànhuà, tā zài ma?
	What time is he coming back?	何時ごろかけなおせばいいですか。	

영업시간과 위치안내

S : 몇 시에 문을 여나요?	What time do you open?	何時にあきますか。	几点开门? Jǐ diǎn kāi mén?
C : 9시에 엽니다.	We open at 9(o'clock).	9時にあきます。	九点开门? Jiǔ diǎn kāi mén.

S : 몇 시에 닫나요?	What time do you close?	何時に終わりますか。	几点关门? Jǐ diǎn guān mén.
C : 7시에 닫습니다.	We close at 7(o'clock).	7時にしまります。	七点关门。Qī diǎn guān mén.
S : 무슨 요일에 닫나요?	What day do you close?	やすみは何曜日ですか。	星期几关门呢? Xīngqī jǐ guān mén ne?
C : 화요일에 닫습니다.	We are closed on Tuesday.	火曜日です。	星期二关门。Xīngqī èr guān mén.
S : 영업시간이 어떻게 되나요?	What are your business hours?	営業時間は何時から何時までですか。	营业时间是怎样的呢? Yíngyè shíjiān shì zěnyàng de ne?
C : – 저희미용실 영업시간은 오전 10시부터 오후 7시까지입니다.	We open from 10a.m until 7p.m.	うちの美容室は10時から7時までです。	我们美容室的营业时间是从早上10点到晚上7点。Wǒmen měiróngshì de yíngyè shíjiān shì cóng zǎoshang shí diǎn dào wǎnshang qī diǎn.
– 매주 첫째, 셋째 월요일은 정기 휴무입니다.	Every first and third Monday of the month, we are closed.	毎月第 1、3週目の月曜日はていきゅうびです。	每月第一周和第三周的星期日定期休假。Měi yuè dì yī zhōu hé dì sān zhōu de xīngqīrì dìngqī xiūjià.

한국어	English	日本語	中文
– 저희 미용실은 연중무휴입니다.	We open all the year round.	うちの美容室は年中無休です。	我们美容室年中无休息。 Wǒmen měiróngshì nián zhōng wú xiūjià.
– 저희 미용실은 24시간 운영합니다.	We open twenty four hours a day	うちの美容室は.24時間営業です。	我们美容室24小时营业。 Wǒmen měiróngshì èrshísì xiǎoshí yíngyè.
S : 살롱 위치가 어디인가요?	Could you tell me where your salon is located?	サロンはどこにありますか。	沙龙的位置在哪儿? Shālóng de wèizhì zài nǎr?
C : 홍대입구역 3번 출구로 나와 약 20m 내려오면 빛나라빌딩에 위치하고 있습니다.	If you come out from 3rd exit of Hongik Univ. station and walk about 20 meters down the road, you will find us located in the BINNARAbuilding.	ホン大入り口駅の3番出口を出て、約20メートルぐらい歩くとピナラビルあります。その建物の中にあります。	从弘大门口站的第三出口出来直走二十多米就能到BINNARA大楼。 Cóng Hóngdà Ménkǒu Zhàn dì sān chūkǒu chūlái zhí zǒu èrshí duō mǐ jiùnéng dào BINNARA Dàlóu.
S : 몇 층이죠?	What floor are you on?	何階ですか。	几层? Jǐ céng?
C : 2층입니다.	We are on the second floor.	2階です。	二层。èr céng.
S : 역에서부터는 살롱에 어떻게 가죠?	How do I get to your salon from the station?	駅からサロンまでどうやっていきますか。	从火车站到沙龙应该怎么走? Cóng huǒchē zhàn dào shālóng yīnggāi zěnme zǒu?

C : 출구로 나오셔서 직진/우회전 /좌회전 하세요.	As you come out from the exit, go straight/turn right /turn left.	出口を出て まっすぐ/(右側に /左側にまかってください) /いってください。	从出口出来直走/左拐/右拐。 Cóng chūkǒu chūlái zhí zǒu/ zuǒ guǎi /yòu guǎi.
− 20미터쯤 걸으세요.	Walk about 20 meters.	20メートルぐらいあるいてください。	走二十多米。 Zǒu èrshí duō mǐ.
− 두 번째 코너에서 우회전하세요.	Turn right at the second coner.	二つ目の角をから 右側にまがってください。	在第二个拐角往右拐。 Zài dì èr ge guǎijiǎo wǎng yòu guǎi.
− 은행을 지나치세요.	Go past the bank.	銀行をすぎてください。	过银行就是。Guò yínháng jiù shì.
− 오른쪽에 우리 빌딩이 보일 겁니다.	You'll see our building on your right.	右側にビルが見えます。	右側就能看见我们的大楼。 Yòucè jiù néng kànjiàn wǒmen de dàlóu.

알아두어야 할 단어

요일 Day 曜日(ようび) 星期 xīngqī

요 일	Day	曜日(ようび)	星期 xīngqī	요 일	Day	曜日(ようび)	星期 xīngqī
월	Monday	月曜日(げつようび)	星期一 xīngqīyī	화	Tuseday	火曜日(かようび)	星期二 xīngqīèr
수	Wednesday	水曜日(すいようび)	星期三 xīngqīsān	목	Thursday	木曜日(もくようび)	星期四 xīngqīsì
금	Friday	金曜日(きんようび)	星期五 xīngqīwǔ	토	Saturday	土曜日(どようび)	星期六 xīngqīliù
일	Sunday	日曜日(にちようび)	星期天 xīngqītiān				

계절 Season 季節(きせつ) 季节 jìji

계 절	Season	季節(きせつ)	季节 jìjié	계 절	Season	季節(きせつ)	季节 jìjié
봄	spring	春(はる)	春天 chūntiān	여름	Summer	夏(なつ)	夏天 xiàtiān
가을	Fall	秋(あき)	秋天 qiūtiān	겨울	Winter	冬(ふゆ)	冬天 dōngtiān

월 Month 月(つき) · 月 yuè

월	Month	つき	月 yuè	월	Month	つき	月 yuè
1월	January	いち月(がつ)	一月 yīyuè	2월	February	に月(がつ)	二月 èryuè
3월	March	さん月(がつ)	三月 sānyuè	4월	April	し月(がつ)	四月 sìyuè
5월	May	ご月(がつ)	五月 wǔyuè	6월	June	ろく月(がつ)	六月 liùyuè
7월	July	しち月(がつ)	七月 qīyuè	8월	August	はち月(がつ)	八月 bāyuè
9월	September	く月(がつ)	九月 jiǔyuè	10월	Octorber	じゅう月(がつ)	十月 shíyuè
11월	November	じゅういち月(がつ)	十一月 shíyīyuè	12월	December	じゅうに月(がつ)	十二月 shíèryuè

년도 Year 年度(ねんど) 年度 niándù

년 도	Year	ねんど	年度 niándù
1999	nineteen ninety-nine	せんきゅうひゃくきゅうじゅうきゅう	一九九九 yī jiǔ jiǔ jiǔ
1845	eighteen fourty-five	せんはっぴゃくよんじゅうご	一八四五 yī bā sì wǔ
2007	two thousand seven	にせんなな	二零零七 èr líng líng qī
2011	two thousand eleven	にせんじゅういち	二零一一 èr líng yī yī
2020	two thousand twenty	にせんにじゅう	二零二零 èr líng èr líng

미용용어 배경지식 쌓기

*** 다공성 모발(porosity hair)(多(た)孔(こう)性(せい)毛(もう)髪(はつ)/ポロシティヘア)**

잦은 염색이나 퍼머, 지사광선, 화학제의 사용으로 인해 심하게 손상된 모발로 표면에 구멍이 많이 뚫려있어 물을 분사하면 흘러내리거나 방울져 있지 않고 흡수하여, 머리를 건조 시킬 때도 잘 마르지 않는다.

*** 다운 셰이핑(down shaping)(ダウンシェイピング)**

다운은 밑 방향으로, 쉐이프는 윤곽형태라는 뜻으로 머리카락의 밑 방향을 향해 형태를 만드는 것을 말한다.

*** 다운 스템 와인딩(down stem winding)(ダウンステムワインディング)**

퍼머의 로드를 마는 방향으로 두피의 모발을 90° 보다 뉘어서 마는 것인데 볼륨이 없는 관자놀이 부분에서 많이 사용하는 기업이다.

*** 다운 스템 커팅(down stem cutting)(ダウンステムカッティング)**

헤어 스트랜드(hair strand)

핀컬이나 횡거 웨이브, 세팅 컬을 연출할 때 주로 사이드나 백(back)으로 크라운(crown)에서 사선으로 리지(ridge:길쭉한 융기 부분)가 형성된 컬이나 웨이브로 세련되고 연장된 듯 한 느낌의 컬이나 웨이브를 말한다.

*** 다운 스트록(down stroke)(ダウンストローク)**

버티컬 섹션을 이용하여 위로부터 아래로 스트록 커트하는 것을 말한다.

*** 다이렉션(direction)(ダイレクション)**

빗질 방향을 말한다.

* **다이어거널 라이트워드**(diagonal rightward)(ディアゴナルライトワード)

오른쪽으로 향하는 대각선, 즉 우대각을 말한다.

* **다이어거널 레프트워드**(diagonal leftward)(ディアゴナルレフトワード)

왼쪽으로 향하는 대각선, 즉 좌대각을 말한다.

* **다이어거널 백 워드**(diagonal backward)(ディアゴナルバックワード)

얼굴에서 멀리 뒤쪽으로 향하는 대각선, 즉 후대각을 말한다.

* **다이어거널 포워드**(diagonal forward)(ディアゴナルフォワード)

뒤에서 앞쪽으로 향하는 대각선, 즉 전대각을 말한다.

* **다이 터치업**(dye touch up)(ダイタッチアップ)

염색 후 새로 자란 모발을 염색하는 것으로 리터치라고도 한다.

* **댄드러프**(dandruff)(ふけ)

비듬. 포괄적인 의미에서 모든 형태의 각질이나 죽은 세포가 두피로부터 떨어져 나오지 못하고 쌓여 있는 형태를 말한다.

* **댄드러프 스캘프 트리트먼트**(dandruff scalp treatment)(ふけスカルプトリートメント)

비듬제거 또는 비듬 두피일 때 행하는 관리방법이다.

* **더블 와인딩**(double winding)(ダブルワインディング)

긴 모발을 두 가지 로드를 이용하여 와인딩하는 방법을 말한다.

* **더블 페이퍼 테크닉**(double paper technique)(ダブルペーパーテクニック)

퍼머 와인딩을 할 때 엔드 페이퍼를 상하로 두 장을 겹쳐 와인딩하는 방법으로 모발 끝의 단차가 심할 때 와인딩을 용이하게 하기 위하여 많이 사용된다.

*** 덜 웨이브(dull wave)(ダルウェーブ)**

덜은 활발하지 않은, 둔한, 침체되었다는 뜻으로 덜 웨이브는 굴곡이 확실하지 않은 웨이브를 말한다.

*** 데미지 헤어(damage hair)(ダメージヘア)**

손상모.

*** 덴만 브러시(denman brush)(デンマンブラシ)**

원랭스 및 그래듀에이션에 있어서 컷라인을 표현하는데 가장 적합한 브러시이다.

*** 덴서티(density)(デンシティ)**

밀도, 머리숱, 밀집도, 농도등을 말하며 어는 부분을 차지하고 있는 정도, 즉 $1cm^2$ 당 머리카락의 양을 말한다.

*** 두부 건선(cephalic psoriasis)(頭部(とうぶ)乾(かん)癬(せん))**

전신성 판상의 한 소견일 수도 있으며 두부에만 건선이 오기도 하며 보통 탈모증은 잘 생기지 않는다.

*** 두부 백선(tenea capitis of scalp)(頭部(とうぶ)白癬(はくせん))**

백선균이 머리털에 기생하여 일으키는 피부병으로, 그 부분의 머리털은 회백색으로 변하여 짧게 잘라지고 쉽게 뽑힌다. 피부의 각질층에 균이 침범하여 증식하는 각질층 감염기, 모낭을 향해 균이 번식하는 모낭 감염기, 모발이 빠지면서 치유되는 치유기로 나눌 수 있다. 방치하면 영구 탈모가 될 수도 있다.

*** 두피(scalp)(頭皮(とうひ/スカルプ))**

두부를 감싸는 피부로서 신체를 감싸고 있는 다른 어떤 부분보다도 모낭과 혈관화가 풍부하여 매우 조밀한 신경분포를 갖고 있다. 피부와 마찬가지로 두피도 적정한 지방막으로 싸여진 정상두피, 피지 분비가 과잉된 상태인 지성 두피, 그리고 피지 분비가 부족한 건성 두피로 나뉜다.

*** 두피 마사지(scalp massage)(頭皮(とうひ/スカルプ))マッサージ)**

두피의 혈액순환을 촉진시키기 위해 손가락 끝을 이용해 마사지 하는 원형동작이다.

* **두피 손질법**(scalp treatment)(頭皮(とうひ/スカルプ))トリートメント)
두피 건강을 향상(증진)시키기 위한 절차이다.

* **두피 스티머**(scalp steamer)(頭皮(とうひ/スカルプ))スチーマー)
두피에 증기(스팀)를 씌어 주는 절차이다.

* **드라이 샴푸**(dry shampoo)(ドライシャンプー)
두발(頭髮)을 적시지 않는 세발법으로 두피(肚皮)에 질환이 있거나, 열이 있는 사람, 병사에 있는 환자 등이 머리를 감지 못할 경우에 이용한다.

* **드라이 커팅**(dry cutting)(ドライカッティング)
헤어 커팅을 할 때, 모발을 적시지 않고 마른 모발 상태에서 자르는 방법이다.

* **드라이 헤어**(dry hair)(ドライヘア)
건조성 모발을 말한다.

* **디그리**(density)(デンシティ)
각도를 말한다.

* **디렉션**(direction)(ディレクション)
방향이나 흐름이라는 뜻으로 모발의 흐름이나 빗질의 방향을 말하며, 주로 빗질 방향을 자칭한다.

* **디벨로프**(develop)(ディベロップ)
염색약이나 탈색제를 모발에 바른 후에 색이 진행되는 과정을 말한다.

* **디벨로프먼트 타임**(development time)(ディベロップメントタイム)
염색약이나 탈색제를 모발에 바른 후 색이 나오기 위해 약을 모발에 바르고 기다리는 시간을 말하는데 작업을 촉진시키기 위하여 가열기나 실내온도를 이용하기도 한다.

* **디스커넥션**(disconnection)(ディスコネクション)

머리 길이의 연결을 일부러 끊는 것이다.

* **디스커넥션 커팅**(disconnection cutting)(ディスコネクションカッティング)

근본적으로 이어지는 선이 아닌데 끝처리는 조금이라도 연결하는 커팅 테크닉을 말한다.

* **디스크립션**(description)(ディスクリプション)

머리 전체의 특징이다.

* **디스트리뷰션**(distribution)(ディストリビューション)

분배. 헤어 디자인을 위해 빗질하는 방향을 말하는데 자연방향, 직각방향, 변환방향 등이 있다.

* **디오더런트 샴푸**(deodorant shampoo)(デオドラントシャンプー)

살균작용이 있는 특수 샴푸로 표면의 세균을 죽이고, 땀이 세균 때문에 분해되어 발생하는 악취를 방지하는 것이 특징이다.

* **디자인**(design)(デザイン)

스타일을 구성하는 일을 말한다.

* **디자인 디시전**(design decision)(デザインディシジョン)

디자인 결정하는 것을 의미한다.

* **디자인 라인**(design line)(デザインライン)

① 컷할 때 사용하는 예술적인 패턴 또는 길이 가이드로 고정 또는 이동 디자인 라인이 될 수 있다.

② 디자이너가 의도하고 있는 디자인의 선이다.

* **디자인 얼리먼트**(design element)(デザインエレメント)

디자인적 요소를 말한다.

* **디자인 컷(design cut)(デザインカット)**

사람의 얼굴이나 골격 또는 머리형에 맞추어 개성에 알맞은 실루엣(silhouette)을 컷으로 만들어간다. 이는 헤어디자인에 있어서 중요한 포인트의 하나로 얼굴형과 전체의 균형(balance)에 있다.

* **디자인 프린시플(design principles)(デザインプリンシプル)**

디자인 법칙, 패턴을 의미한다.

* **디테일(detail)(ディテール)**

세부, 세분, 세밀, 머리끝이나 잘리는 단면의 쌓이는 부분을 조정하고 완성도를 높일 때 사용한다.

* **디퓨져(diffuser)(ディフューザー)**

더운 공기를 확산시켜 모발을 제자리에서 건조시키는 것을 말한다.

* **디퓨져 드라이(diffuser dry)(ディフューザードライ)**

디퓨져를 이용해 볼륨과 컬을 사리고자 할 때 사용함을 말한다.

* **딥 나칭(deep notching)(ディープナッチング)**

모발 끝으로 부터 3/4 정도 나칭 기법으로 한다.

* **딥 테이퍼(deep etaper)(ディープペーパー)**

스트랜드 2/3 정도의 면을 테이퍼하는 경우로써 모발의 양이 상당히 많은 때 사용한다.

4. 커트 시술시 필요한 회화

Cutting hair : カット / 實行理發的會話 Shīxíng lǐfà de huìhuà

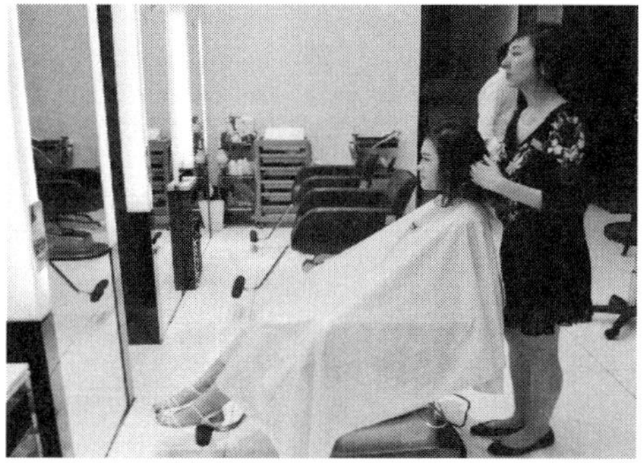

디자인의 요소 중 가장 기본이 되는 것은 형태(form)이다. 이처럼 헤어디자인의 가장 기본적이고 중요한 요소 또한 형태를 잡는 요소인 커트(Cut)이다.

따라서 커트시술 작업을 하는 과정에 있어서 고객의 선호하는 스타일과 이미지에 맞는 추천디자인 그리고 트렌드를 반영한 디자인을 잘 조화롭게 수용해 디자인을 창출하려면 고객과의 대화를 원활하게 이끌어낼 수 있도록 유도하고 분위기를 만들어 나가야 한다.

특히 외국인과의 대화를 통해 그가 원하는 이미지를 파악하려면 **회화소통능력을 어느 정도 갖추는 것이 절대적**이며 **커트전문용어에 대해서는 기본적으로 익혀둠**으로써 고객뿐만 아니라 살롱 스텝들과 원활한 소통이 가능하도록 한다. 외국인 헤어미용시술에 있어서는 언어뿐만이 아니라 모질이 내국인과 많이 다를 수 있으므로 모질을 파악하고 그에 따른 시술과 디자인을 고려할 수 있는 능력을 배양하는 것 또한 무척 중요하다.

스타일 상담

한국어	English	日本語	中文
S : 어떤 스타일로 커트해드릴까요?	How would you like it cut?	どんなスタイル(すたいる)にカット(かっと)しましょうか。	您想剪什么样的发型? Nín xiǎng jiǎn shénmeyàng de fàxíng?
C : – 지난번처럼 해주세요.	The same as last time, please.	この間(あいだ)と同(おな)じようにしてください。	请给我剪和上次一样的。 Qǐng gěi wǒ jiǎn hé shàng cì yīyàng de.
– 일자로 잘라주세요.	I'd like the one-length cut.	まっすぐに切(き)ってください。	请给我剪一字型的。 Qǐng gěi wǒ jiǎn yī zì xíng de.
– 짧게 층진 머리로 해주세요.	I'd like the short layered cut.	みじかくすいてください。	请给我剪短的层次。 Qǐng gěi wǒ jiǎn duǎn de céngcì.
– 단발머리로 해주세요.	I'd like the bob cut.	ボブにしてください。	请给我剪短发。Qǐng gěi wǒ jiǎn duǎnfà.
– 그냥 다듬어 주세요.	Just trim.	そろえてください。	剪点儿就行了。Jiǎn diǎnr jiù xíng le.
– 지금 스타일을 유지하고 싶어요.	I'd like to keep the same hair style.	このままのスタイルをキープしたいです。	我想保持现在的发型。 Wǒ xiǎng bǎochí xiànzài de fàxíng.
– 아주 짧게 잘라주세요.	I want it really short.	もっともみじかくしてください。	请给我剪短一点儿。 Qǐng gěi wǒ jiǎnduǎn yīdiǎnr.

한국어	English	日本語	中文
S : 커트하신지 얼마나 되셨죠?	When was your last cut?	いつカットしましたか。	您头发剪了多久? Nín tóufa jiǎnle duō jiǔ?
C : – 며칠 전에요.	I had it a few days ago.	何日(なんにち)か前(まえ)です。	几天前。Jǐ tiān qián.
– 대략 4주 전에요.	About four weeks ago.	だいたい4週間前(よんしゅうかんまえ)です。	大约四周前。Dàyuē sì zhōu qián.
– 기억이 안나요.	I can't remember.	覚(おぼ)えていません。	不记得了。Bù jìde le.
– 몇 달 전에요.	A few months ago.	何(なん)ヶ(か)月(げつ)か前(まえ)です。	几个月前。Jǐ ge yuè qián.
S : 평소 좋아하는 스타일을 말씀해보세요!	Please tell me your general styles.	どんなスタイル(すたいる)がお好(す)きですか。	请告诉你平时喜欢的发型。 Qǐng gàosu nǐ píngshí xǐhuan de fàxíng.
C : – 나는 그냥 말리는 스타일이 좋아요. 운동을 많이 하거든요.	I'd like wash–n–wear style, because I play a lot of sports.	ただかわかすだけでいいぴすよ。運動(うんどう)をよくするので。	我就喜欢自然弄干的发型, Wǒ jiù xǐhuan zìrán nònggān de fàxíng, 因为我经常运动。 yīnwèi wǒ jīngcháng yùndòng.
– 나는 예뻐보이길 원해요.	I want to look pretty.	きれいに見(み)えるスタイル(すたいる)がいいです。	我想要看起来漂亮的。 Wǒ xiǎng yào kàn qilai piàoliang de.
머리손질에 시간이 많이 들어도 상관없어요.	I don't mind spending time on styling.	スタイリング(すたいりんぐ)に時間(じかん)がかかってもかまいません。	修剪头发的时间长也没关系。 Xiūjiǎn tóufa de shíjiān cháng yě méi guānxi.

– 나는 여성스럽지만 손질하기 쉬운 스타일이 좋아요.	I'd like an easy-care hairstyle, but I'd like to look girlish.	手入れしやすくて女性らしいスタイルがいいです。	我喜欢容易修剪和有女人味的发型。 Wǒ xǐhuan róngyì xiūjiǎn hé yǒu nǚrénwèi de fàxíng.
– 나는 앉아서 일하기 때문에 눈을 가리지 않는 머리를 원해요.	I have a desk job, so I'd like to keep my hair away from my eyes.	すわって仕事をするので、目にかからないスタイルがいいです。	因为我一直坐着工作，所以想不要挡眼睛的发型。 Yīnwèi wǒ yīzhí zuòzhe gōngzuò, suǒyǐ xiǎng bù yào dǎng yǎnjing de fàxíng.
S : – 고객님께 맞는 스타일을 추천해드릴까요?	Can I suggest a style for you?	お客様にあうスタイルをおすすめしましょうか。	我可以为您推荐适合您的发型吗? Wǒ kěyǐ wèi nín tuījiàn shìhé nín de fàxíng ma?
– 스타일북을 보여드릴까요?	Would you like to see a style book?	ヘアーカタログをごさんこうにな、てください。	您要看发型册吗? Nín yào kàn fàxíngcè ma?
– 이건 어때요? 어려보이실 것 같은데.	What do you think about this? you're going to look younger.	これはどうですか。若く見えると思いますが。	这个怎么样? 看起来很年轻。 Zhège zěnmeyàng? Kàn qilai hěn niánqīng.
C : 이 스타일이 좋겠어요.	Yes. I like this style.	このスタイルがいいです。	好，我喜欢这个发型。 Hǎo, wǒ xǐhuan zhège fàxíng.
S : 잘 어울리시겠네요.	That's great. It will suit you.	よくにあいそうですね。	很适合您。Hěn shìhé nín.

커트시술

한국어	English	日本語	中文
S : 얼마나 커트해 드릴까요?	How short would you like it cut?	どのくらい切りましょうか。	您剪短发剪到多短? Nín jiăn duănfà jiăndào duō duăn?
C : – 어깨길이까지 커트해 주세요.	Please cut it shoulder length.	肩までの長さにしてください。	剪到肩膀。Jiăndào jiānbăng.
– 턱선 위까지 잘라주세요.	Cut it a little above the chim.	あごの上までの長さにしてください。	剪到下巴上边。 Jiăndào xiàba shàngbiān.
– 어깨 아래까지 잘라 주세요.	Cut it below the shoulder.	肩の下ぐらいの長さにしてください。	剪到肩膀下边。 Jiăndào jiānbăng xiàbiān.
S : 앞머리는 어떻게 해드릴까요?	What about the bangs?	前髪はどうしましょうか。	刘海要怎么剪呢? Liúhăi yào zĕnme jiăn ne?
C : – 그냥 놔두세요. 앞머리를 기르고 싶거든요.	Leave the bangs alone. I want to keep growing my bangs.	のばしたいので。 このままでいいです。	就放着就行，因为我想留刘海。 Jiù fàngzhe jiù xíng, yīnwèi wŏ xiăng liú liúhăi.

– 앞머리는 안 자를게요.	I'd like no bangs.	前髪はきりません。	我不想剪刘海。Wǒ bù xiǎng jiǎn liúhǎi.
– 가벼운 앞머리요.	I'd like light bangs.	前髪をかるくしてください。	我想要轻盈盈的刘海。 Wǒ xiǎng yào qīngyíngyíng de liúhǎi.
– 무거운 앞머리요.	I'd like heavy bangs.	前髪を重くしてください。	我想要厚厚的刘海。 Wǒ xiǎng yào hòuhòu de liúhǎi.
– 눈썹선까지 잘라주세요.	I'd like them eyebrow level.	まゆまでの長さにしてください。	请给我剪到眉毛。 Qǐng gěi wǒ jiǎndào méimáo.
– 눈썹 조금 위 / 아래 까지 잘라주세요.	I'd like them a little above / below the eyebrows.	まゆのちょっと上 / 下 まで切ってください。	请剪到眉毛上边 / 下边。 Qǐng jiǎndào méimáo shàngbiān.
S : 가르마는 어느 쪽으로 할까요.	Where would you like your part?	分け目はどちらにしましょうか。	你想把头发往哪边分? Nǐ xiǎng ba tóufa wǎng nǎbiān fēn?
C : – 가운데 가르마요.	In the center, please.	真ん中です。	从中间分。Cóng zhōngjiān fēn.
– 왼쪽 가르마요.	On the left side, please.	左側です。	往左边分。Wǎng zuǒbiān fēn.
– 오른쪽 가르마요.	On the right side, please.	右側です。	往右边分。Wǎng yòubiān fēn.

커트 시술 준비 멘트

가운을 해드리겠습니다.	I'll put this gown on you.	ガウンです。	给您穿浴衣。Gěi nín chuān yùyī.
수건을 목에 둘러드리겠습니다.	I'll cover a towel around your neck.	タオルを首(くび)にまきます。	给您在脖子上围毛巾。 Gěi nín zài bózi shang wéi máojīn.
고개를 앞으로(뒤로) 약간만 숙여주세요. (젖혀주세요)	Please, bend your head forward(backward) a little.	頭(あたま)を前(まえ)に(うしろに) 少(すこ)しだけたおしてください。	请把座位往前(往后)稍微低一点儿(后倾)。 Qǐng ba zuòwèi wǎng qián (wǎng hòu) shāowēi dī yīdiǎnr (hòuqīng).
고개를 똑바로 해주세요.	Please, hold your head straight.	頭(あたま)をまっすぐにしてください。	头请不要动。Tóu qǐng bù yào dòng.
뒷 선 면도해 드리겠습니다.	I will shave the back line of your head.	首(くび)の後(うし)ろ軽(かる)く剃(そ)りますね。	为您剃一下后颈。 Wèi nín tī yīxià hòujǐng.
머리카락을 스펀지로 털어드릴게요.	I'll brush off the hairs with a sponge.	ついた髪(かみ)の毛(け)をスポンジ(すぽんじ)ではらいます。	为您弹掉头发。 Wèi nín tándiào tóufa.

샴푸 후 드라이해 드리겠습니다.	I'll dry your hair after shampooing.	シャンプーのあとブローします。	洗发后请吹干。 xǐfà hòu qǐng chuīgān.
디자인은 마음에 드십니까?	Do you like the design?	デザインはお気にいりでしょうか。	您喜欢这个设计吗? Nín xǐhuan zhège shèjì ma?

미용용어 배경지식 쌓기

* **라운드 사이드 파트**(round side part)(ラウンドサイドパート)

사이드에서 나누는 선이 곡선인 경우를 '라운드 사이드 파트'라고 한다.

* **라운드 컷**(round cut)(ラウンドカット)

각지지 않고 둥글게 컷하는 것이다.

* **라운드 파트**(round part)(ラウンドパート)

곡선으로 나누었다는 뜻으로 파트된 선이 곡선으로 된 것을 말한다.

* **라인 오브 인클러네이션**(line of inclination)(ラインオブインクリネーション)

그래듀에이션이 일어나는 각도를 말한다.

* **레벨**(level)(レベル)

① 특정 모발 색상의 밝고 어두운 정도, 즉 명도라고 한다.

② 높이 해부학에 따른 길이의 범주, 머리가 떨어지는 길이를 나타낸다.

* **레이디얼 섹션**(radial sections)(ラディアルセクション)

골든 포인트를 중심으로 방사상으로 섹션을 뜨는 기법을 말한다.

* **레이어**(layer)(レイヤー)

위가 짧고 밑이 긴 상태로, 각도는 두피에서 90° 이상을 떠서 컷하는 스타일로 단차가 크다.

＊레이어드(layered)(レイヤード)

머리의 표면에 층을 넣어 두께를 조절하는 것으로 머리의 생동감이나 표정을 만들거나 볼륨감을 조절할 때 사용된다. 가위를 세로로 넣어 윗머리와 아랫머리가 연결되도록 하기 때문에 아우트라인은 원만한 둥근형이나 V형으로 나타난다.

＊레이어드 텍스쳐(layered texture)(レイヤードテクスチャー)

레이어 질감의 머리끝이 거의 다 보이는 머릿결로 레이어 질감에는 유니폼 레이어와 인크리스 레이어 두 가지가 있다.

＊레이어링(layering)(レイヤーリング)

두상으로부터 90° 로 커트한다.

＊레이어 컷(layer cut)(レイヤーカット)

상층부의 모발이 그 아래층이 되는 모발을 뒤덮어 숨겨지지 않는 상태로 단층을 붙여주는 컷 방법이다. 아래쪽으로 감에 따라 모발이 길게 되도록 컷하여 특유의 단층이 생긴다.

＊레이저(razor)(レーザー)

① 면도기. 모발을 자르거나 면도할 때 이용하는 예리한 칼날이 달린 기구이다.

② 면도할 때 사용하는 칼을 말한다.

＊레이저 컷(razor cut)(レーザーカット)

면도칼을 이용하여 컷하는 것으로 이때 반드시 모발을 적셔 웨트 커팅(wet cutting)을 해야 한다. 이는 모발의 손상과 고객 두피에 당김을 주지 않고 자극 없이 컷하기 위함이다.

＊로드(rod)(ロッド)

막대(기). 펌 웨이브에 사용하기 위하여 만들어진 기구를 말한다.

＊로드 아웃(rod out)(ロッドアウト)

① rod off라고도 하며 펌웨이브가 완성된 후 와인딩된 로드를 풀어 떼어내는 것을 말한다.

② 퍼머 시술시 중화제시간이 적당히 지나면 로드를 풀어내는 것이다.

*** 로드 오프(rod off)(ロッドオフ)**

로드를 떼어내는 것이다.

*** 로 라이팅(low lighting)(ローライティング)**

① 염색약을 이용하여 전체, 또는 일부분을 어둡게 염색하는 것이다.

② 입체감을 주기 위해 머리 염색에 어두운 색조를 도입하는 것이다.

*** 로(쇼트)레이어(low(short)layer)(ローレイヤ)**

아래 머릿단의 길이와 위의 머릿단 길이가 같은 레이어 컷이다.

*** 로 웨이브(low wave)(ローウェーブ)**

파상의 부드러운, 산 모양의 완만한 웨이브이다.

*** 롤(roll)(ロール)**

말려진 물건, 즉 종이가 말리다의 뜻으로 미용에서는 머리가 말린 상태를 가리키며, 헤어스타일 구성상 매우 중요한 요소의 하나이다.

*** 롤러 컬(roller curl)(ローラーカール)**

크로키뇰(croquignole)형으로서 원기둥형 물체 주위에 축축한 모발 가닥을 감아서 모발이 마를 때까지 그 형태를 유지시키는 모발 세팅을 말한다.

*** 롤러 핀(roller pin)(ローラーピン)**

보비 핀(bobby pin)과 모양은 유사하지만 크기가 더 크고 두꺼운 핀으로 많은 양의 모발과 큰 달비를 고정하거나 롤러 컬을 고정할 때 사용된다. 단, 젖은 모발이나 헤어스타일링제를 바른 상태의 모발에는 잘못 사용하게 되면 자국이 생길 우려가 있으므로 주의해야 한다.

*** 롤 브러시(roll brush)(ロールブラシ)**

둥근 브러시와 회전 브러시가 있으며, 머리를 마무리 할 때 사용하는 브러시로 모발을 말아서 블로하는 것으로 완만한 컬을 만들 때 사용된다.

*** 롱 라스팅**(long lasting)(ロングラスティング)

오래도록 스타일이 유지되는 상태이다.

*** 롱 보브**(long bob)(ロングボブ)

① 긴 단발머리.

② 머리카락이 많이 길어 여성들은 앞과 옆에 핀을 꽂거나 하여 이를 정리하였다.

*** 롱 스컬프쳐**(long sculpture)(ロングスカルプチャー)

긴 머리 컷.

*** 롱 스트록**(long stroke)(ロングストローク)

모발 끝이 가늘어지는 것을 완만하게 컷하는 방법으로 긴 모발에 가위의 각도는 45° ~90° 이다.

*** 루트**(root)(ルート)

머리의 뿌리.

*** 루프**(loop)(ループ)

핀컬을 할 때 동그랗게 말려지는 컬의 둥근 고리 부분으로 서클(circle)이라고도 표현되며 컬의 크기, 마는 방법, 방향 등으로 다양하게 연출할 수 있다.

*** 리버스 엔딩**(reverse ending)(リバースエンディング)

모발 흐름의 역방향으로 핀컬이나 핑거 웨이브를 끝맺는 것이다.

*** 리버스 컬**(reverse curl)(リバースカール)

리버스는 반대의, 역전의 라는 뜻으로 플랫 컬에서는 포워드 컬과 반대방향의 컬을 말한다.

*** 리세션 섹션**(recession section)(リセーションセクション)

리세션 에어리어에서 두상의 가장 넓은 부분을 연결한 섹션이다.

* **리세션 에어리어**(recession area)(リセッションエリア)

양쪽 이마의 움푹 들어간 부분이다.

* **리스폰스**(response)(レスポンス)

모발에서 형태를 만들고자 할 때 그 과정에서 모발의 길이나 각도 등을 확인하는 방법을 말한다.

* **리지**(ridge)(リッジ)

봉우리란 뜻으로 미용에서 웨이브의 높은 곳, 융기선 파트의 끝단을 말한다.

* **리젠트 스타일**(regent style)(リーゼントスタイル)

앞머리와 양 사이드의 머리칼을 모두 뒤로 넘겨 포마드를 듬뿍 바른 머리모양이다.

* **리파인드 헤어**(refined hair)(リファインドヘア)

정제된 모발 또는 유연하게 만들기 위해 화학적으로 처리된 모발이다.

* **리터치**(retouch)(リタッチ)

이미 염색한 모발에 새로 자라는 모발을 염색제 탈색제로 염색하는 것이다.

* **린스**(rinse)(リンス)

① 헹구다.

② 머리를 헹굴 때 세발 한 모발을 산성으로 만들어 유연성을 주고, 탈지(脫脂)된 모발에 적당한 기름기를 주어 부드럽고 광택있는 모발을 위에 사용하는 것으로 시판되는 린스에는 투명한 액체사의 린스와 유화형(乳化型)린스가 있다.

* **린스 아웃**(rinse out)(リンスアウト)

물로 헹구어 냄.

5. 퍼머넌트웨이브 시술시 필요한 회화

Applying permanent wave : パーマ / 實行烫發的會話 Shīxíng tàngfà de huìhuà

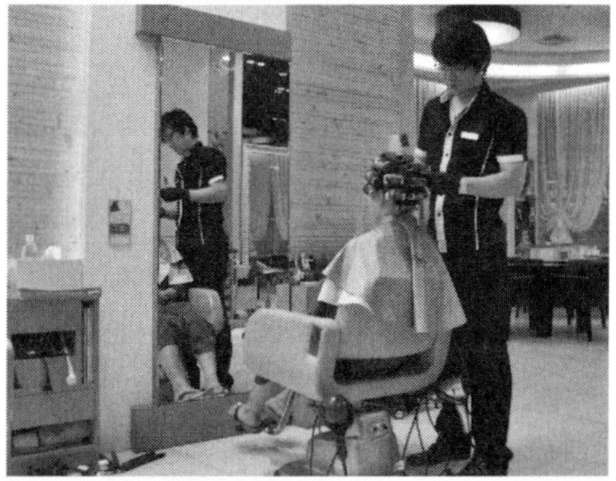

퍼머넌트웨이브시술은 커트시술고객에 비하여 상대적으로 살롱에 머무는 시간이 길어지게 되므로 그만큼 고객관리에 신경을 써야한다. 따라서 고객입점부터 마무리 후 퇴장까지 많은 관심과 소통이 이뤄져야한다. 먼저 샵매니저나 접객관리자는 **처음 내방 고객인지 물어보고 아니라면 담당스타일리스트 유무를 파악**해 연결해야하고, 담당 스타일리스트는 회화 능력이 불충분 할수록 스타일북등 **형상화된 자료를 토대로 서로의 추천디자인을 제안해 디자인**을 결정한 뒤, 모질을 파악해 나가도록 한다.

퍼머의 긍정적인 결과를 이끌어내기 위해서는 **모질파악이 가장 중요**요소이므로 스타일리스트가 판단한 모질만을 신뢰하지 말고 고객본인의 퍼머 경험을 여쭙고 반영해 약제 선택이나 컬로드 선택 등을 하는 것이 좋다.

특히 서양인 모발은 동양인들보다 얇은 모발(연모)여서 약제나 열처리타임에 신중을 기해야한다. 물론 **같은 동양계인 일본인도 모질이 약간 다름을 늘 잊지 말아야 한다.** 또한 마무리로 오랜 시간 모발에 와인딩을 하고, 심지어 열퍼머 같은 경우엔 제법 무게감이 느껴지는 로드기구를 올려놓거나 매달려 목이 피로감을 느끼기 쉽고, 산화제 도포 시 느끼는 이물감등 고객도 번거로움과 수고로움을 겪었음을 상기하고 고객을 진심으로 배려하는 차원에서 마무리 애프터린스(펌 후에는 샴푸는 하지 않으므로)에서는 최대한 목선과 두피의 혈액순환 및 피로를 풀어줄 수 있도록 **머니플레이션 서비스를 정성껏 해드리도록 한다.**

퍼머넌트웨이브 시술상담

S : 무엇을 도와드릴까요?	How can I help you?	どうなさいますか。	有什么帮您的吗? Yǒu shénme bāng nín de ma?
C : 파마를 하고 싶은데요	I'd like to get my hair curled	パーマをしたいんですけど。	我想烫发。Wǒ xiǎng tàngfà
S : 어떤 스타일을 원하세요?	Which style would you like?	どんなスタイルがいいですか。	你想要什么样的发型? Nǐ xiǎng yào shénmeyàng de fàxíng?
C : 스트레이트헤어를 하고 싶어요.	Please straighten my hair.	ストレートにしたいです。	我想把头发变直。 Wǒ xiǎng ba tóufa biànzhí.
S : 스타일북을 보고 디자인 선택해 볼까요?	Would you like to choose the design from the stylebook?	ヘアーカタログを見(み)て選(えら)びましょうか。	那么在造型册上选一个发型怎么样? Nàme zài zàoxíngcè shang xuǎn yī ge fàxíng zěnmeyàng?
C : 네, 그러고 싶어요.	Yes, I would like to.	ええ、そうします。	好，我也想那样做。 Hǎo, wǒ yě xiǎng nàyàng zuò.

한국어	English	日本語	中文
S : 머리가 짧고 층이 많아서 생머리스타일은 어울리지 않을 것 같은데요.	Straight style may not suit your hair cut. Because you have short layered hair.	かみが短くてレイヤーが入っているのでストレートはあわないと思いますか。	因为您的头发短的层次很多，好象做直发有点儿不太适合。 Yīnwèi nín de tóufa duǎn de céngcì hěn duō, hǎoxiàng zuò zhífà yǒudiǎnr bù tài shìhé.
C : 그럼 자연스러운 웨이브로 해주세요. 너무 곱슬거리지 않게요.	OK. then I'd like natural-looking waves. I don't like tight curls.	じゃあ自然なウェーブにしてください。 あまりくるくるしないほうがいいてす。	那么就给做一个自然点的波浪卷发吧。 不要太卷。 Nàme jiù gěi zuò yī ge zìrán diǎn de bōlàng juǎnfà ba. Bù yào tài juǎn.
S : - 퍼머가 잘 되는 편이세요?	Does your hair perm well?	パーマはよくかかりやすいほうですか。	你的头发是容易烫成的吗? Nǐ de tóufa shì róngyì tàngchéng de ma?
- 퍼머가 오래가는 편이세요?	Does your hair hold a perm long?	パーマがとれにくいほうですか。	您烫发以后，会保持很久吗? Nín tàngfà yǐhòu, huì bǎochí hěn jiǔ ma?
C : - 네 그래요.	Yes, it does.	はい、そうです。	是的。Shì de.
- 아니요.	No, it doesn't.	いいえ。	不是的。Bù shì de.
S : 마무리까지 약 1시간 반 정도 소요될 예정이오니 편안한 자세로 계세요.	Please make yourself home, it is going to take about one and a half hour until your hair is done.	時間は1時間半ぐらいかかりますので楽にお座りください。	要烫完得一个半小时， 请在这儿放轻松等一下吧。 Yào tàngwán děi yī ge bàn xiǎoshí, qǐng zài zhèr fàng qīngsōng děng yīxià ba.

C : 감사합니다.	Thank you.	ありがとうございます。	谢谢。Xièxie.
S : 퍼머 가운 입으시고, 샴푸 먼저 하도록 하겠습니다.	Please wear your gown. We are going to shampoo your hair first.	ガウンを着(き)ていただいてからシャンプーをします。	穿上烫发服后，我先为您洗头。Chuānshang tàngfàfú hòu, wǒ xiān wèi nín xǐtóu.

퍼머넌트웨이브 시술과정 중 멘트

S : 모발이 손상되어서 전처리를 하겠습니다.	You have demaged hair, so I will give it a pre-treatment.	かみがいたんでいるので トリートメント(ケア)をします。	您的头发损伤了，我先给您预防处理一下。 Nín de tóufa sǔnshāngle, wǒ xiān gěi nín yùfáng chǔlǐ yīxià.
C : 네. 알겠습니다.	Yes, That'll be O.K.	はい、わかりました。	好，我知道了。Hǎo, wǒ zhīdaole.
S : 펌제를 바르겠습니다.	I will apply perm solution.	パーマをぬります。	我将会涂在烫发上溶解。Wǒ jiāng huì tú zài tàngfà shang róngjiě.
C : 액체가 흘러내려요.	The liquid is dropping.	パーマ液がたれてきました。	液体流下来了。Yètǐ liú xiàlaile.
S : 앗! 죄송합니다. 닦아드리겠습니다.	Oops, I'm very sorry. I'll wipe it out right away.	あ、すみません。 すぐにおふきします。	啊！对不起，我给您擦掉。 A! duìbuqi, wǒ gěi nín cādiào.
S : - 펌 와인딩이 다 끝났습니다.	I finished with the winding perm.	ロッドをまきおわりました。	卷发已经都完成了。 Juǎnfà yǐjing dōu wánchéngle.
- 10분 동안 열처리하겠습니다.	You need a heat enhancement for 10 minutes.	10分間加温します。	我会为您进行10分钟的热处理。 Wǒ huì wèi nín jìnxíng shí fēnzhōng de rè chǔlǐ.

C : 제 핸드폰 좀 가져다주시겠어요?	Can you bring me my cell-phone?	私(わたし)のケータイをもってきて もらえますか。	你帮我拿一下手机吗? Nǐ bāng wǒ ná yīxià shǒujī ma?
S : 불편하신 곳은 없으세요?	Is everything alright?	不便(ふべん)ではないですか。	有不舒服的地方吗? Yǒu bù shūfu de dìfang ma?
C : – 약간 아픕니다.	It hurts a little.	ちょっといたいです。	有点儿疼。Yǒudiǎnr téng.
– 따끔따끔합니다.	It stings.	ひりひりします。	扎疼。Zhāténg.
– 참을 수가 없습니다.	I can't stand it.	がまんできません。	不能忍受。Bù néng rěnshòu.
– 쿡쿡 쑤십니다.	It smarts.	ちくちくします。	刺痛。Cìtòng.
S : 오! 죄송합니다. 제가 봐드리죠. 괜찮으세요?	OH! sorry. Let me help you. Is that ok?	すみません。 みてみます。 大丈夫(だいじょうぶ)ですか。	哦! 对不起, 我来帮您, 没事了吧? O! Duìbuqi, wǒ lái bāng nín, méishì le ba?
C : 네, 괜찮습니다. 감사합니다.	Yes, I'm fine. thanks.	はい、大丈夫(だいじょうぶ)です。 どうも。	是的, 没事了, 谢谢。 Shì de, méishìle, xièxie.
S : 산화제를 바르겠습니다. 고개를 뒤로 기대어 주세요.	I"ll apply neutralizer. Please, lean back your head.	酸化剤(さんかざい)を塗(ぬ)ります。 うしろにもたれてください。	我为您涂酸化剂, 请把头向后仰。 Wǒ wèi nín tú suānhuàjì, qǐng ba tóu xiàng hòu yǎng.

산화제의 방치 시간은 10분입니다.	It needs to stay in for ten minutes.	酸化剤(さんかざい)の時間(じかん)はじゅっ分(ぷん)です。	放酸化剂的时间为10分钟。 Fàng suānhuàjì de shíjiān wéi shí fēnzhōng.
C : 수고하셨습니다.	Thank you for waiting.	おつかれさまでした。	辛苦了。 Xīnkule.
S : 불편한데 없으십니까?	Is everything ok?	不便(ふべん)なところはありませんか。	没有不舒服的地方吗? Méiyou bù shūfu de dìfang ma?
C : – 네, 괜찮습니다.	Yes, I'm fine.	はい、大丈夫(だいじょうぶ)です。	是的, 没有。Shì de, méiyou.
– 머리카락이 당겨요.	My hair is pulled.	髪(かみ)がひきつります。	头发很紧。Tóufa hěn jǐn.
– 액체가 흘러내려요.	The liquid is dropping.	液体(えきたい)がたれてくるんですが。	液体流下来了。Yètǐ liú xiàlaile.
– 눈에 뭐가 들어갔어요.	I've got something in my eyes.	目(め)に何(なに)か入(はい)りました。	好像有什么东西进入眼睛里了。 Hǎoxiàng yǒu shénme dōngxi jìnrù yǎnjing lile.
– 비닐 캡이 자꾸 내려와요.	The (Vinyl) cap is slipping down.	ビニールキャップがおちてきます。	塑料帽经常往下掉。 Sùliàomào jīngcháng wǎng xià diào.
– 눈이 가려워요.	My eyes itch.	目(め)がかゆいです。	眼睛有点儿痒。Yǎnjing yǒudiǎnr yǎng.
– 너무 뜨거워요.	It feels too hot.	あつすぎます。	很烫。Hěn tàng.

– 좀 춥네요.	I feel little bit cold.	ちょっと寒(さむ)いです。	有点儿冷。Yǒudiǎnr lěng.
– 손을 씻고 싶어요.	I need to wash my hands.	手(て)が洗(あら)いたいです。	我想洗手。Wǒ xiǎng xǐshǒu.
– 티슈 좀 주세요.	Would you give me a tissue?	ティッシュください。	帮我拿一下纸巾。 Bāng wǒ ná yīxià zhǐjīn.
– 약간 아픕니다.	It hurts a little.	ちょっと痛(いた)いです。	有点儿疼。Yǒudiǎnr téng.
S : 컬 테스트를 하겠습니다.	I am doing a test curl.	カールテストをします。	我在进行卷发测试。 Wǒ zài jìnxíng juǎnfà cèshì.
C : 읽을 잡지 좀 주시겠습니까?	Could you bring me some magazines to read?	雑誌(ざっし)をいただけませんか。	你能帮我那给我一个读物吗? Nǐ néng bāng wǒ nà gěi wǒ yī ge dúwù ma?
S : 곧바로 갖다드리겠습니다.	I'll get you it right away.	すぐにお持(も)ちします。	我马上去拿。Wǒ mǎshang qù ná.
C : 조금 지루한데 얼마나 더 있어야 끝나죠?	How long do I have to wait more? I'm getting a little bored.	あとどれ位(ぐらい)かかりますか。	有点儿厌烦了, 还要多长时间才能结束? Yǒudiǎnr yànfánle, hái yào duō cháng shíjiān cái néng jiéshù?
S : 15분 뒤에 퍼머를 풀어 드리겠습니다.	I'll remove the rods in 15 minutes.	15分後(じゅうごふんご)にロッド(ろっど)をします。	15分钟之后我会为您解开卷发。 Shíwǔ fēnzhōng zhī hòu wǒ huì wèi nín jiěkāi juǎnfà.

불편한데 없으십니까?	Is everything ok?	ところはないですか。	没有不舒服的地方吗? Méiyou bù shūfu de dìfang ma?
C : 머리가 조금 당기기는 하지만 참을만해요.	My hair's pulled a bit, but I can stand it.	髪(かみ)が引(ひ)きつってるけど大丈夫(だいじょうぶ)です。	头发有点儿被拉的感觉，但我可以忍耐。 Tóufa yǒudiǎnr bèi lā de gǎnjué, dàn wǒ kěyǐ rěnnài.
S : 펌 로드를 풀어드릴게요.	I am unwinding the perm rods.	ロッドをはずします。	我现在为您解开卷发。 Wǒ xiànzài wèi nín jiěkāi juǎnfà.
이쪽으로 오세요. 샴푸해 드릴게요.	Please come this way. I will rinse your hair.	こちらへどうぞ。シャンプーします。	这边请，我为您洗发。 Zhèbiān qǐng, wǒ wèi nín xǐfà.
C : 수고하셨습니다.	Thank you	お疲(つか)れ様(さま)でした。	辛苦了。Xīnkule.
S : – 집에서 자주 트리트먼트를 해주셔야 할 것 같습니다.	You should give your hair a treatment at home often.	うちでよくトリートメントをしたほうがいいです。	在家要经常使用护发修护素。 Zài jiā yào jīngcháng shǐyòng hùfà xiūhùsù.
– 염색하려면 일주일 이상 기다리셔야 합니다.	You should wait more than a week before you have a hair color.	カラー(から)をするには、一週間(いちしゅうかん)待(ま)たなければなりません。	要等一周以上才会染色。 Yào děng yì zhōu yǐshàng cái huì rǎnsè.
– 이 퍼머는 금방 풀립니다.	This perm will drop out soon.	このパーマはすぐとれます。	这卷发马上会散开的。 Zhè juǎnfà mǎshang huì sànkāi de.

– 일주일 정도 지나면 자연스러워 질겁니다.	It will be more natural in a week or	一週間(いちしゅうかん)すぎれば自然(しぜん)になるはずです。	过一周的话，会变得自然。 Guò yī zhōu de huà, huì biàn de zìrán.
– 오늘과 내일은 샴푸하지 마세요.	Don't shampoo today and tomorrow.	今日(きょう)と明日(あした)はシャンプー(しゃんぷ)しないでください。	今天和明天不要用香波。 Jīntiān hé míngtiān bù yào yòng xiāngbō.
– 머리를 감고 싶으시면 물로만 헹구세요.	If you want to wash your hair tomorrow, use water only.	かみをあらいたければ、水(みず)でながすだけにしてください。	如果想洗头的话，请只用水洗。 Rúguǒ xiǎng xǐtóu de huà, qǐng zhǐ yòng shuǐ xǐ.

알아두어야 할 단어

굵은 컬	loose curls	太いカール	松卷 sōngjuǎn	부드러운 웨이브	soft curls	やわらかいウェーブ	柔软的卷发. róuruǎn de juǎnfà
작고 가는 컬	tight curls	小さくて細いカール	浓密的卷发 nóngmì de juǎnfà	흐르는 듯한 웨이브의 펌	just body perm	流れるようウェーブパーマうな	流下来似的的卷发 liú xiàlái shìde de juǎnfà
곱슬머리의	frizzy	くせ毛	卷曲的 juǎnqū de	자연스럽게 보이는	natural-looking	ナチュラルにみえる	显得自然的 xiǎn de zìrán de
손상된	damaged	傷んだ	损害的 sǔnhài de	구불구불한	wavy	くねくねした	弯曲的 wānqū de
곱슬거리는	curly	ちじれた	卷曲的 juǎnqū de	전처리	pre-treatment	前処理	前处理 qián chǔlǐ
펌 제	perm solution	パーマ剤	烫发剂 tàngfàjì	퍼머를 마는 것	winding	パーマを巻くこと	卷绕 juǎnrào
바르다	apply	塗る	涂 tú	당기다	pull	引く	拉 lā
열처리	heat enhancement	熱処理	热处理 rè chǔlǐ	연화	softening	軟化	软化 ruǎnhuà
중화제	neutralizer	ニュートラライザ	中和剂 zhōnghéjì	퍼머 롤러, 로드	roller(rod)	ロッド	卷发筒 juǎnfàtǒng

미용용어 배경지식 쌓기

*** 마셀 그라또**(marcel grateau)(マルセルグラトー)

프랑스 태생으로서 marcel과 curl로 열을 이용하여 모발에 웨이브를 형성하는 헤어 컬링 아이론을 창안한 사람이다.

*** 마셀 웨이브**(marcel wave)(マルセルウェーブ)

마셀이 발명한 웨이브로 가열된 아이롱을 사용하여 만든 웨이브로서 고데나 아이롱 웨이브와 개념이 같다. 짧은 머리를 곱슬거리게 하는 웨이브이다.

*** 머리망**(net)(ネット)

하나의 형, 또는 하나의 묶은 다발을 정리하여 고정시키는데 사용되는 그물 모양의 도구로 네트라고도 한다.

*** 머리 핀**(bobby pins)(ボビーピン)

헤어스타일을 연출할 때 사용하는 핀이다.

*** 머리 홀더**(hairless head holder)(ヘアホルダー)

민두를 고정시킬 수 있도록 되어있는 도구이다.

*** 머시룸 스타일**(mushroom style)(マッシュルームスタイル)

양송이 버섯모양의 컷 라인이 얼굴 정면에서 네이프 라인과 일직선인 스타일이다.

*** 머시룸 커팅**(mushroom cutting)(マッシュルームカッティング)

1962년경부터 유행한 버섯(mushroom)을 엎어 놓은 것 같은 실루엣의 아주 짧은 보브로 머리끝의 안쪽말이가 특징이다.

* **머신 웨이브**(machine wave)(マシンウェーブ)

가열에 의한 것이므로 순간적으로 온도가 100° C 이상이 되어 두발을 손상시키거나 부러뜨리는 등의 문제가 생기기 쉽다.

* **매크로 피브릭**(macro fibril)(マクロフィブリル)

모발의 미세구조에서 피질세포 내의 일부이다. 세포가 장축 방향으로 나열되어 있고 그 사이사이에는 간충물질에 의해 접착되어 있으며, 이것은 다시 작은 마이크로 피브릴과 간충물질로 되어있다. 거대섬유라고도 한다.

* **멜라노 단백질**(melano protein)(メラノプロテイン)

모발 색소에서 멜라닌 과립이 단백질과 결합한 것이다.

* **멜라노사이트**(melanocyte)(メラノサイト)

색소세포(멜라닌 세포)로, 그 수는 1,500개/mm^3 로 분포한다. 이 멜라노사이트에서 만들어진 색소에 따라 모발의 색이 결정된다.

* **멜라닌 색소**(melanin)(メラニン)

동물의 조직 및 피부에 존재하는 갈색 또는 흑색의 색소이다.

* **모간**(hair shaft)(ヘアシャフト)

모발이 피부 바깥으로 나와 있는 부분 전체를 말한다.

* **모구**(bulb)(毛(もう)球(きゅう)/バルブ)

모근의 뿌리 부분으로서 양파 모양으로 부풀어 있는 곳으로 모발이 생성, 성장하는 장소이며, 멜라닌 색소를 만드는 멜라노사이트라는 세포가 있다. 모반이라고도 한다.

* **모군**(hair group)(毛(もう)群(ぐん)/ヘアグループ)

하나의 모공에서 2~3개의 머리카락이 나와 있는 것처럼 보이는 것으로 실제로는 1개의 모근이 나와 있는 것처럼 보일 뿐이다. 모군이라 하더라도 머리카락은 모공, 모근이 다르므로 각자의 모주기를 갖는다.

* **모근(hair root)(毛根(もうこん)/ヘアルート)**
모낭 안에 포함된 모발의 한 부분으로 두피 아래의 모발구조, 즉 머리카락의 뿌리를 말한다.

* **모기질(matrix)(毛基質(もうきしつ)/マトリックス)**
모유두를 둘러싼 부위를 말하며, 모기질 세포와 멜라닌 세포로 구성되어 있다. 세포분열이 아주 활발한 곳으로 털의 생산 공장에 해당한다.

* **모낭(follicle)(毛(もう)嚢(のう))**
피부의 진피 안에서 모근을 감싸고 있는 주머니를 말한다.

* **모류(hair stream)(毛(もう)流(りゅう)/毛(け)流(なが)れ/ヘアストリーム)**
털이 나있는 방향 혹은 모발의 흐름을 말하며 신체 부위에 따라 거의 일정하다.

* **모모세포(hair mother cell)(毛(もう)母(ぼ)細(さい)胞(ぼう)/ヘアマザーセル)**
모모세포는 내측 모근초와 모간을 생성하며, 모유두를 덮고 있으면서 모유두로 부터 영양분이나 산소를 공급받아 세포분열하면서 증식을 되풀이 한다. 모기질 세포라고도 한다.

* **모발 밀도(hair density)(毛(もう)髪(はつ)密度(みつど)/ヘアデンシティー)**
두피나 신체의 사방 1인치 안에 있는 머리카락의 수를 말한다.

* **모발 성질(hair texture)(髪(かみ)の性(せい)質(しつ)/ヘアテクスチャー)**
모발의 일반적인 질로 거침, 보통, 부드러움으로 나뉘는 모발의 느낌을 말한다.

* **모발 염색(hair coloring)(ヘアカラーリング)**
모발의 색을 인위적으로 변화시키는 것으로 눈썹, 속눈썹 염색도 있다.

* **모발의 질감**(hair texture)(髪(かみ)の質(しつ)感(かん)/ヘアテクスチャー)

모발의 감촉, 촉감 등 모발의 상태를 나타내는 말로서 좀 더 쉽게는 머릿결을 나타낸다.

* **모발 줄기**(hair shaft)(ヘアシャフト)

피부 밑에서 성장되어 나온 모발의 부분을 말한다.

* **모발학**(trichology)(毛(もう)髪(はつ)学(がく))

모발과 모발에 관련된 질병에 대해 연구하는 학문을 말한다.

* **모발 클리닉**(hair clinic)(毛(もう)髪(はつ)/ヘア クリニック)

손상된 모발을 관리하기 위한 제품을 사용하여 모발보호 효과를 높이는 모발관리(hair care), 모발 보호를 위한 모발관리, 두피 청결을 통한 모발 성장 지원의 두피 관리(scalp care)로 구분된다.

* **모빌 디자인 라인**(mobile design line)(モービルデザインライン)

이동 디자인라인을 일컬음.

* **모빌 스테이션너리 디자인 라인**(mobile stationary design line)(モービルステーショナリーデザインライン)

이동과 고정의 혼합형 디자인 라인을 일컬음.

* **모소피**(cuticle)(キューティクル)

모표피(hair cuticle).

* **모수질**(hair medulla)(毛(もう)髄(ずい)質(しつ))

모발의 중심부에 있으며 약간의 멜라닌 색소를 함유하고 있다. 벌집모양으로 공기를 함유하여 보온 역할을 하는 등 모발 생존에 중요한 역할을 한다. 두꺼운 모발일수록 모수질이 있는 것이 많고, 연모에는 모수질이 존재하지 않는다.

*** 모유두(hair papilla)(毛(もう)乳(にゅう)頭(とう))**

피부의 털 소낭의 바닥에 있는 작은 원뿔 모양의 튀어나온 부분으로 피부의 유두에 해당되며, 혈관이 많고 모구에 영양을 공급하여 두발의 성장을 담당한다.

*** 무모증(atrichosis)(無(む)毛(もう)症(しょう))**

선천적으로 모발을 자라지 않는 증세를 말한다. 털의 성장 지연이나 완전한 기능저하의 결과이다.

*** 미디엄 나칭(medium notching)(ミディアムナッチング)**

모발 끝으로부터 1.5~2 나칭함을 말한다.

*** 미디엄 스트록(medium stroke)(ミディアムストローク)**

중간 모발 길이에 가위가 들어가는 각도(10° ~45°)이다.

*** 미디엄 에칭(medium etching)(ミディアムエッチング)**

모발 끝으로부터 1/2 정도를 에칭하며 적당한 가벼움을 표현하고자 할 때 사용하는 테크닉을 일컬음.

*** 미디엄 테이퍼(medium taper)(ミディアムテーパー)**

스트랜드 1/2 정도의 면을 테이퍼링하는 경우로써 모발의 양이 보통일 때 사용하는 테크닉을 말한다.

6. 샴푸 시술시 필요한 회화

Shampooing : シャンプー / 實行洗發的會話 Shīxíng xǐfà de huìhuà

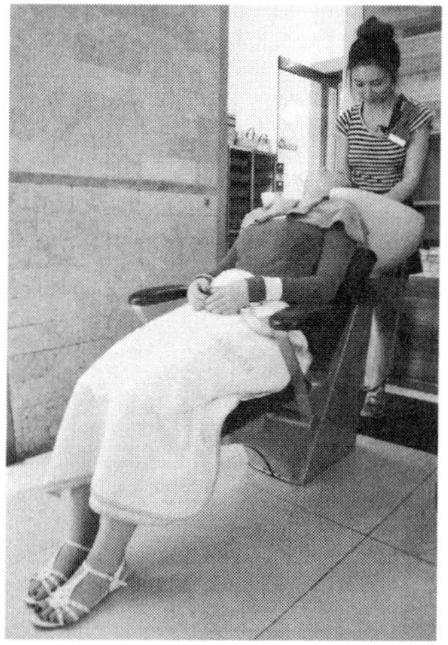

샴푸는 **미용시술 중 가장 기초가 되는 중요한 시술작업**이며, 또한 **고객의 만족도에 크게 영향을 미치는 과정**이기도 하다. 샴푸 본래의 목적은 세정에 있으나 목선과 두피근육을 풀어 주어 혈액순환을 촉진하고 피로를 풀어줄 수 있도록 하는 **머니플레이션이 샴푸의 꽃**이라 하겠다. 동서를 막론하고 이러한 서비스를 싫어하는 고객은 거의 없으므로 최대한 고객이 릴렉싱하고 만족할 수 있는 나만의 샴푸테크닉을 개발하여 실시하는 것이 좋겠다.

특히 계절이나 시술상황에 맞는 **좌식**(Sitting Position Shampooing)과 **와식**(Lying Position Shampooing) 샴푸 중 적절한 형태를 선택하여 변화를 주는 것도 추천하고 싶다.

마지막으로 샴푸는 세정에 그 목적이 있음을 마지막까지 명심하고 마무리 **린스나 트리트먼트 후에도 최대한 깨끗하고 쾌적한 느낌**이 들도록 세밀하게 헹궈 내도록 하며 고객이 불편한 곳 유무를 꼭 살피고 물으면서 진행해야한다.

샴푸시술

S : 이쪽으로 오세요.	Please come this way.	こちらへどうぞ。	请来这边。Qǐng lái zhèbiān.
앉으시겠습니까?	Please take a seat.	おかけください。	请坐。Qǐng zuo.
귀걸이는 빼주세요.	Please remove your earings.	イヤリングをはずしてください。	请摘下耳饰。Qǐng zhāixià ěrshì.

좌식샴푸의 경우(坐式洗发的情况 Zuòshì xǐtóu de qíngkuàng)

S : 잠시만요. (타월이나 페이스 커버를 둘러주며)	Excuse me. (placing a towel and face cover)	ちょっとまってください。 (タオルやフェースカバーを巻きながら)	请稍等。Qǐng shāo děng. (请围上毛巾或是保护套 Qǐng wéishang máojīn huòshi bǎohùtào)
앉은 채로 샴푸해 드리겠습니다.	I'm going to shampoo your hair while you're sitting.	座ったままシャンプーをします。	请坐给您洗头。Qǐng zuò gěi nín xǐtóu.
가렵거나 흘러내리는 곳이 있나요?	Is anything dripping or itching?	かゆいところなどありますか。	有痒或是滑落的地方吗? Yǒu yǎng huòshi huáluò de dìfang ma?

와식샴푸의 경우(卧式洗发的情况 Wòshì xǐfà de qíngkuàng)

S : 뒤로 누우시고 편히 계세요.	Lean back your head and relax, please.	うしろに寝て楽にしてください。大丈夫ですか。	往后躺，舒服吗? Wǎng hòu tǎng, shūfu ma?
괜찮으십니까?	Are you comfortable?	大丈夫ですか。	还可以吗? Hái kěyǐ ma?
C : – 목이 약간 불편해요.	My neck is uncomfortable.	首がちょっと痛いです。	脖子有些不舒服。Bózi yǒu xiē bù shūfu.
– 괜찮아요.	I'm ok.	大丈夫です。	还可以。Hái kěyǐ.
S : 물 온도는 괜찮으세요?	Is the water ok?	おかげんは大丈夫ですか。	水温可以吗? Shuǐwēn kěyǐ ma?
C : – 차가워요.	It is too cold.	冷たいです。	凉。Liáng.
– 뜨거워요.	It is too hot.	あついです。	热。Rè.
– 적당해요.	Just right.	ちょうどいいです。	正好。Zhèng hǎo.
– 저는 찬물이 좋아요.	I like cold water.	冷たい方がいいです。	我喜欢凉水。Wǒ xǐhuan liángshuǐ.

S : 위로(아래로) 조금만 올라(내려)오시겠습니까?	Can you move down(up) a little?	上に(下に)ちょっとあがって(おりて)もらえますか。	需要往上提高一点儿。 / 往下降一点儿。 Xūyào wǎng shàng gāo yīdiǎnr. / wǎng xià jiàng yīdiǎnr.
샴푸하겠습니다.	I will shampoo your hair.	シャンプーします。	给您洗发。Gěi nín xǐfà.
두피마사지를 하겠습니다.	I'm going to massage your head.	マッサージをします。	给您头皮按摩。 Gěi nín tóupí ànmó.
너무 아프시면 말씀하세요.	Please tell me if it's too strong.	痛ければいってください。	如果痛的话，请告诉我。 Rúguǒ tòng de huà, qǐng gàosu wǒ.
C : – 좀 더 부드럽게 해주세요.	A little softer, please.	もう少しやさしくお願いします。	请稍微轻点儿。 Qǐng shāowēi qīng diǎnr.
– 좀 더 강하게 해주세요.	Harder, please.	もうすこし強くお願いします。	请稍微重点儿。 Qǐng shāowēi zhòng diǎnr.
– 뒷목부분이 조금 가려운데요.	My back neck feels itchy.	首の後ろが痒いんですが。	头后面有些痒。 Tóu hòumian yǒuxiē yǎng.
S : 컨디셔너를 하겠습니다.	I will put some conditioner on you hair.	コンディショナーをします。	给您涂护发素。Gěi nín tú hùfàsù.
가려운데 있으세요?	Do you have any itchy spots?	かゆいところがありますか。	有痒的地方吗? Yǒu yǎng de dìfang ma?

머리를 헹구어 드리겠습니다.	I'm going to rinse your hair now.	頭をすすぎます。	我帮你冲洗头发。 Wǒ bāng nǐ chōngxǐ tóufa.
C : – 목에 비누가 남은 것 같아요.	My neck is still soapy.	首にせっけんが残ってい るみたいです。	脖子上好像有残留的肥皂。 Bózi shang hǎoxiàng yǒu cánliú de féizào.
– 한 번 더 헹궈주세요.	Rinse my hair one more time, please.	もう一度すすいでください。	请再次给我冲洗吧。 Qǐng zàicì gěi wǒ chōngxǐ ba.
– 눈에(귀에) 물이 들어갔어요.	I've got water in my eyes (ears).	目に(耳に)水がはいりました。	水流进我眼睛里 / 耳朵里。 Shuǐ liújìn wǒ yǎnjing li/ ěrduo li.
S : – 죄송합니다. 타월과 면봉을 갖다드리겠습니다.	I'm very sorry. I'll bring you some towel and cotton swab.	すいません。 タオルと綿棒を お持ちします。	对不起，我给您拿毛巾和棉棒。 Duìbuqi, wǒ gěi nín ná máojīn hé miánbàng.
– 타월드라이 해드리겠습니다.	I will towel dry your hair.	タオルドライします。	我来拿个毛巾擦干。 Wǒ lái ná ge máojīn cāgān.
– 의자 올려드리겠습니다.	Let me move the chair up.	椅子をあげます。	我为您把椅子提高点儿。 Wǒ wèi nín ba yǐzi tígāo diǎnr.
– 이제 앉으셔도 됩니다.	OK. please sit up now.	おかけください。	现在可以坐了。Xiànzài kěyǐ zuò le.

	– 다 됐습니다.	All done./Every thing's done.	おわりました。	都好了。Dōu hǎo le.
	– 거울자리로 가시겠습니다.	Now please come to the mirror.	鏡(かがみ)のところへどうぞ。	我们去镜子那边看一下。 Wǒmen qù jìngzi nàbiān kàn yīxià.
C :	– 타월 하나만 주세요.	Please, give me a new towel.	タオルください。	再给一个毛巾。Zài gěi yī ge máojīn.
	– 옷이 젖었어요.	My clothes are wet.	服(ふく)がぬれました。	衣服湿了。Yīfu shī le.
	– 수고하셨습니다.	Thank you.	お疲(つか)れ様(さま)でした。	辛苦了。Xīnkule.

미용용어 배경지식 쌓기

＊반곱슬모(wavy hair)(ウェービーヘア)

모발을 형태에 따라 세분하였을 때 나타나는 한 분류로 서양인에게 많이 나타난다.

＊바렐 컬(barrel curl)(バレルカール)

양주통 모양과 비슷한 모형에 빗과 손가락으로 롤을 만드는 컬이다.

＊반영구염모제(hair color semi-permanent)(半(はん)永(えい)久(きゅう)染(せん)毛(もう)剤(ざい)/ヘアカラーセミパーマネント)

4~8 정도의 샴푸로 씻겨 나가는 비산화 염모제, 색상이 다양하고 염색 시 모발의 손상이 거의 없으나 자주 사용하면 모발이 뻣뻣해진다. 영구염모제보다 낮은 알칼리제를 쓰는 제품으로 색상의 지속기간은 보통 1~2개월 정도이다. 우리나라에서는 '코팅제'로 알려져 있다.

＊박스 보브(bow bob)(ボックスボブ)

매끄러운 머리의 흐름에 의한 패널의 아름다움을 표현한 보브 스타일로 모든 면의 사각 라인으로 트리밍(trimming, 정발)하여 예리한 젊음을 잡은 디자인이며, 드라이어로 끝마무리 세트를 한다.

＊반흔성 원형 탈모증(alopecia cicatrisata)(瘢痕(はんこん)性(せい)円形(えんけい)脱(だつ)毛(もう)症(しょう))

피부의 영양부족이 그 원인이며 두뇌가 울퉁불퉁하게 벗겨진 상태의 피부병을 말한다.

＊반흔성 탈모증(瘢痕(はんこん)性(せい)脱(だつ)毛(もう)症(しょう))

탈모는 임상적으로 상처가 동반되는 반흔성 탈모와 모발만 탈락되는 비반흔성 탈모로 나눌 수 있다. 반흔성 탈모는 상처, 화상, 피부염, 세균 감염 등에 의해 이미 모낭이 완전히 파괴되고 모유두가 결손 되어 섬유조직이 생겨 모발이 재생되지 않는 영구 탈모가 된다.

* **발모제**(hair growth stimulater)(発(はつ)毛(もう)剤(ざい))

피부의 혈액순환을 도와 모근에 영양분을 공급한다.

* **발모증**(trichotillomania)(抜(ばつ)毛(もう)症(しょう))

머리카락을 뽑는 습관에서 나타나는 것으로, 원인은 무의식중에 머리를 뽑는 심인성에 있으므로 모발을 뽑지 않도록 해야 하며 간혹 정신과적 치료가 필요하기도하다. 주로 여성과 소아에게서 많이 볼 수 있으며 원형탈모증과 유사하게 보일 수도 있으나 모발이 불규칙하게 부스러져 있다. 모발발거증, 발모벽이라고도 한다.

* **발수성모**(resistant hair)(撥水(はっすい)性(せい)毛(もう))

큐티클 층이 빽빽하게 밀착되어 흡수력이 약한 모발 혹은 모발의 모표피에 지방분이 많고 수분을 배척하는 성향을 가진 모발로 습기 또는 화학적인 용액의 흡수도 어렵다. 저항모(抵抗毛)라고도 한다.

* **배럴 와인딩**(barrel winding)(バレルワインディング)

머리의 끝부분에서 안쪽으로 와인딩하는 방법을 말한다.

* **배럴 컬**(barrel curl)(バレルカール)

배럴은 통의 의미이고, 배럴 컬은 원통으로 감긴 폭이 넓은 컬을 말한다.

* **백모증**(canities)(白(はく)毛(もう)症(しょう))

멜라닌 세포의 수가 감소되면서 모구의 색소 형성 능력이 위축되거나 소실되어 멜라닌 세포 수가 감소되어 일어나는 증상으로, 스트레스 혹은 비타민 A와 철분 부족으로도 일어난다. 노인성 백발은 주로 노화로 인한 것이지만, 조기 백발은 유전인 경우가 많다.

* **백발**(whiteness)(白(はく)髪(はつ)/白髪(しらが))

멜라닌 색소가 소실된 모발을 말하며, 모발의 백발화는 비타민A와 철분이 부족하거나 정신적으로 불안하고 초조하면 쉽게 일어난다.

* **백 위그**(bag wig)(バックウィッグ)

땋은 머리를 검정색의 네모난 주머니에 넣고 목 뒤에서 검정색 리본으로 나비처럼 묶어주는 가발로 정장차림에 썼으며, 18세기에 많이 사용되었다.

*** 백 컷(back cut)(バックカット)**

빗으로 백 코밍(back comb-ing)하는 것처럼 가위로 볼륨을 주기 위한 질감 처리의 테크닉이다.

*** 백콤(back comb)(バックコーム)**

모발의 스트랜드를 모발 끝 쪽에서 두피 쪽으로 빗질하는 테크닉으로 특히 정부위에 두발을 세우거나 혹은 두발에 볼륨을 주거나 전체 스타일에 있어 질감을 표현하기 위해 사용된다.

*** 뱅(bang)(バング)**

이마를 덮도록 가지런히 자른 앞머리로 얼굴형과 잘 어울리도록 앞머리를 연출하는 것이다.

*** 버진 헤어(virgin hair)(バージンヘア)**

처녀모(處女毛)

*** 버진 염색(virgin tint)(バージンティント)**

모발에 영구적 염색약을 처음으로 사용하는 과정이다.

*** 버티컬(vertical)(バーティカル)**

세로로 슬라이스를 떠서 컷하는 방법이다.

*** 버티컬 슬라이스(vertical slice)(バーティカルスライス)**

세로의 슬라이스.

*** 버티컬 웨이브(vertical wave)(バーティカルウェーブ)**

웨이브와 웨이브의 리지가 수직으로 만나는 상태이다.

*** 버티컬 컬(vertical curl)(バーティカルカール)**

리지나 핑거 웨이브의 단이 세로로 형성된 컬로 최장의 길이 연출이 가능하며, 모발이 난 자연스러운 컬의 탄력을 강조할 수 있다.

*** 베이비 싱글 보브(baby single bob)(ベビーシングルボブ)**

귀를 나오게 한 보브 스타일.

*** 베이식 레이어링(basic layering)(ベーシックレイヤリング)**

두피에 대해 전부 90° 로 잡아당겨 모두 같은 길이로 (기장으로) 자르는 스타일.

*** 베이식 스타일(basic style)(ベーシックスタイル)**

단순한 선과 형태를 가지고 있어서 어떠한 분위기나 상황에도 적합하여 다양하게 섞거나 맞추어서 입을 수 있는 의상.

*** 베이식 컬러(basic color)(ベーシックカラー)**

여러 가지 색상으로 배합하는 코디네이트에 있어서 전체의 색상을 결정하기 위한 기본 색상을 말하는 경우가 많다.

*** 보브 스타일(bob style)(ボブスタイル)**

뒷머리는 짧고 직선적인 블런트 컷(blunt cut)을 하고 앞머리는 일직선상으로 짧게 내리는 것이다.

*** 보브 헤어(bob hair)(ボブヘア)**

넓게 '단발' 이라는 뜻으로 쓰인다.

*** 보비 핀(bobby pin)(ボビーピン)**

보통 실핀이라고 부르는 핀의 일종으로 한 쪽만 닫혀있는 핀이다.

*** 보이스 보브(boys bob)(ボーイズボブ)**

남자 머리의 깎아 올린 스타일.

*** 북 엔드 페이퍼 테크닉(book end paper technique)(ブックアンドペーパーテクニック)**

퍼머 와인딩시 엔드 페이퍼를 책처럼 겹쳐서 모발 끝을 감싸서 와인딩하는 방법이다.

* **브라이트 컬러(bright color)(ブライトカラー)**

밝은 색을 말하며, 건강하고 쾌활한 이미지를 준다.

* **브러싱(brushing)(ブラッシング)**

머리를 브러시로 빗는 것이다.

* **브레이드(braid)(ブレード)**

미용에서 3개의 짜임으로 대표되는 조직을 말한다.

* **브레이드 룩(braided look)(ブレードルック)**

모발을 땋거나 떠서 서로 당겨 붙이는 기술을 포인트로 구성한 스타일이다.

* **브레이딩 헤어(braiding hair)(ブレーディングヘア)**

땋은 머리.

* **브루터스 컷(brutus cut)(ブルータスカット)**

19세기 초 남자의 머리형으로 로마인 같아 보이는 스타일이다. 이는 앞머리를 짧게 자른 머리 형태의 뱅(bang)스타일로 나폴레옹의 헤어스타일에서 볼 수 있다.

* **브룸 스틱(broom stick)(ブルームスティック)**

레이어 컷으로 모든 머리카락의 길이를 같게 하여 동일선상에서 가지런히 하는 것이다.

* **브릭 커팅(brick cutting)(ブリックカッティング)**

질감을 내는 테크닉으로 벽돌을 쌓는 것 같이 간격을 띄워 가위 날 끝으로 헤어 길이를 자르는 기법으로서 모근의 일어섬(volume)과 가벼움을 내는 테크닉이다.

*** 브릴리언트 컷(brilliant cut)(ブリリアントカット)**

반짝반짝 빛나는 효과를 겨냥하여 각도를 붙여서 빛의 난반사를 만드는 것이다.

*** 브이 존(V-zone)(ブイゾーン)**

얼굴에서 양 눈 밑 부분과 턱 끝 부분을 연결하면 V자 모양이 되는 데, 이 부분을 일컫는 말이다.

*** 브이 파트(v-part)(ブイパート)**

이마의 양 끝으로부터 나는 선이 두정부에서 함께 만나도록 나누는 방법으로 삼각형이 된다.

*** 블런트 커팅(blunt cutting)(ブラントカッティング)**

가위나 면도기를 사용해 일직선으로 뭉툭하게 자르는 기법이다.

*** 블로 드라이(blow dry)(ブロードライ)**

모양을 내서 드라이하는 것이다.

*** 블로 드라이어(blow dryer)(ブロードライヤー)**

헤어스타일을 형성시키기 위해 사용되는 도구이다.

*** 블로 웨이빙(blow waving)(ブローウェービング)**

빗이나 브러시를 사용하여 웨이브를 원하는 위치에 놓이도록 조절하면서 열을 가하는 기법이다.

*** 블로킹(blocking)(ブロッキング)**

컷이나 세트 또는 와인딩을 하기 쉽게 두부를 구분하는 일로 컷을 보다 정확하고 컷을 쉽게 할 수 있으며 각 구분의 연결을 하여 형태를 쉽게 얻을 수 있게 한다.

*** 블록(block)(ブロック)**

큰 덩어리, 한 구획.

* **블록 커팅**(block cutting)(ブロックカッティング)

컷할 모발의 전부를 크게 섹션을 떠 한 번에 컷할 때 필요한 테크닉.

* **블롯 드라이**(blot dry)(ブロットドライ)

타월이나 휴지를 이용해 두드리면서 수분을 제거한다.

* **블리치**(bleach)(ブリーチ)

탈색제를 이용하여 원래의 머리색을 빼는 것이다.

* **비니거 린스**(vineger rinse)(ビネガーリンス)

산성 린스의 하나로 초를 사용하여 린스하는 방법을 말한다.

* **비닐 캡**(vinyl cap)(ビニールキャップ)

퍼머넌트 시술시 제1제의 약제로 휘발을 방지하고 온도를 유지하게 하기 위하여 씌우는 것으로 퍼머할 때 필요하다.

* **빗**(comb)(コ-ム)

머리털을 빗는 도구, 수품이다.

7. 헤어컬러링 시술시 필요한 회화

Hair coloring : ヘアカラー / 實行染發的會話 Shīxíng rǎnfà de huìhuà

헤어컬러의 경우 **아주 민감한 미용시술 중에 하나**이므로 고객과의 의사소통이 매우 중요하다. **두피상태**가 어떤지, 주로 **해온 컬러**는 어떤 컬러였는지, **염색 시 특이사항**은 없었는지 사전에 **문진을 꼼꼼하게** 하고 **고객차트도 함께 기록**, 정리해나가도록 한다. 무엇보다도 **염색제가 고객 의복이나 신체 다른 부위에 착색되는 결정적인 실수는 없도록 늘 주의**해야하며, 어느 나라 출신 고객인지 파악한 후에 인터넷자료 등을 통해서라도 **그 나라에 유행컬러흐름 및 선호하는 컬러 등을 파악하고 상담**해나가는 것이 더욱 좋겠다.

또한 투터치 이상의 컬러연결이나 컬러체인지시 아직 모질이 파악되지 않은 상태에선 **너무 과감하고 무리한 시도는 피한다.**

기존의 베이스에서 무난하게 연결될 수 있는 컬러선택을 하여 모발반응과 모질을 파악한 뒤 **재차 내방시 추천하고자하는 컬러를 시도하는 게** 좋으며 이런 의도를 고객에게 진솔하게 전달함으로써 서로의 신뢰도를 높일 수 있다.

영구염색 상담 및 시술

한국어	English	日本語	中文
S : 어떻게 염색하고 싶으세요?	How would you like your hair colored?	どのようにカラーしたいですか。	您想要怎么样染发? Nín xiǎng yào zěnmeyàng rǎnfà?
C : – 기존의 색깔과 맞춰서 해주세요.	I'd like to match my hair to its original color.	今の色と同じようにしてください。	我想要以前用过的颜色。 Wǒ xiǎng yào yǐqían yòngguo de yánsè.
– 뿌리를 염색하고 싶어요.	Please do my roots.	根本をそめたいです。	我想要染发根。Wǒ xiǎng yào rǎn fàgēn.
– 흰머리를 커버하고 싶어요.	I'd like to have the gray hair covered.	白髪をカバーしたいです。	我想把白发盖住。 Wǒ xiǎng ba báifà gàizhù.
– 밝게 하고 싶어요.	I'd like it highlighted.	あかるくしたいです。	我想要亮的颜色。 Wǒ xiǎng yào liàng de yánsè.
S : 색깔도 바꾸고 싶으신가요?	Would you like to change your hair color, too?	色もかえたいですか。	你想改变颜色吗? Nǐ xiǎng gǎibiàn yánsè ma?
C : – 네, 요즘 트렌드컬러로 바꾸고 싶어요.	I want my hair in the color in trend.	ええ、流行りのトレンドカラーに染めたいんですけど。	想, 我想改成现在流行的。 Xiǎng, wǒ xiǎng gǎichéng xiànzài liúxíng de.

- 아니요, 이 색을 유지하고 싶어요.
  No, I'd like to keep this color.
  いいえ、このままがいいです。
  不想，我想保持这个颜色。
  Bù xiǎng, wǒ xiǎng bǎochí zhège yánsè.

- 네, 조금 밝게(어둡게) 하고 싶어요.
  Yes, I'd like it a little lighter(darker).
  はい、すこしだけあかるく(くらく)したいです。
  想，我想要亮一点儿(暗一点儿)的颜色。
  Xiǎng, wǒ xiǎng yào liàng yīdiǎnr (àn yīdiǎnr)de yánsè.

- 이 색으로 하고 싶어요.
  Yes, I'd like it like this one.
  この色にしたいです。
  我想要这个颜色。
  Wǒ xiǎng yào zhège yánsè.

반영구염색 상담 및 시술

C : 염색을 하면 머릿결이 손상된다고 들었어요.	I heard dying hair hurts the hair.	ヘアカラーしたらいたむそうですね。	我听说染发的话会使头发干燥受到损伤。 Wǒ tīngshuō rǎnfà de huà huì shǐ tóufa gānzào shòudào sǔnshāng.
S : 화학약품이기 때문에 모발을 손상시킬 수 있습니다.	It is possible because we are using chemical products. The hair can be damaged as we use chemical products.	化学薬品なので髪をきずをつけることもあります。	因为是化学药品，会给您的头发带来损伤。 Yīnwèi shì huàxué yàopǐn, huì gěi nín de tóufa dàilái sǔnshāng.
게다가 뿌리는 4주마다 염색을 다시 해주셔야 할 거예요.	And you have to dye your color every four weeks.	そして4週間ごとにそめないといけないんです。	再加上，根儿每四周要再次染发。 Zài jiāshang, gēnr měi sì zhōu yào zàicì rǎnfà.
조금 더 쉽고 덜 손상을 주면서 염색하는 방법이 있습니다.	there are easier ways to dye your hair with less damage.	もっとかんたんにできて髪をきずをつけないでヘアカラーするほうほうがあります。	有再容易点儿且损伤小的染色法。 Yǒu zài róngyì diǎnr qiě sǔnshāng xiǎo de rǎnsèfǎ.
C : 이야기해주시겠어요?	will you tell me what it is?	どんなやりかたですか。	可以告诉我吗? Kěyǐ gàosu wǒ ma?

S : 헤어매니큐어라고 불리는 이것은 모발을 코팅해서 부드럽고 윤기가 나게 해줍니다.	It's called hair manicure, and it coats the hair so the hair is softer and shinier.	ヘアーマニキュアといいます。これは髪をコーティングしてくれるしやわらかくもしてくれるしつやも出してくれるんですよ。	这叫做毛发指甲油，用来覆膜让毛发柔软滋润。Zhè jiàozuò máofà zhǐjiǎyóu, yònglái fù mó ràng máofà róuruǎn zīrùn.
C : 얼마나 오래가죠?	How long does it last?	どれぐらいもちますか。	要保持多久呢? Yào bǎochí duō jiǔ ne?
S : – 5~6주 동안 지속됩니다. 서서히 사라지죠.	It lasts for about 5 or 6 weeks, and goes off slowly.	5~6週間はもちますよ。だんだんときえていきます。	会保持五六周。Huì bǎochí wǔ liù zhōu. 慢慢儿地消失。Mànmānr de xiāoshī.
– 고객님께 좋은지 한번 해보시죠.	You should definitely try it.	お客様にあうか、してみましょう。	要不要试试看? Yào bu yào shì shì kàn?
– 모발을 코팅해서 부드럽고 윤기가 나게 해줍니다.	It coats the hair and makes it shiny and smooth.	これは髪をコーティングしてくれるしやわらかくもしてくれるしつやもだしてくれるんですよ。	用来覆膜让毛发柔软滋润。Yònglái fù mó ràng máofà róuruǎn zīrùn.
– 모발 손상이 매우 적기 때문에 손상된 모발에 권해드립니다.	It doesn't give much damage to the hair, so it's recommended for damages hair.	これは髪があまり傷まないので傷んだ髪のかたにおすすめします。	毛发损伤确实少，如果你的毛发损伤的话，我推荐一下。 Máofà sǔnshāng quèshí shǎo, rúguǒ nǐ de máofà sǔnshāng de huà, wǒ tuījiàn yīxià.

한국어	English	日本語	中文
– 색을 밝게 할 수 없어서 어두운 모발에는 별로 두드러지게 보이지 않아요.	It cannot lighten the hair color, so it is not very noticeable on dark hair.	これは色をあかるく暗い髪のかたにはおすすめしません。	无法把颜色弄亮点儿，衬托起黑毛发来不怎么显眼。 Wúfǎ ba yánsè nòng liàng diǎnr, chèntuō qi hēimáofà lai bù zěnme xiǎnyǎn.
– 5~6주 정도 지속됩니다.	It lasts for 5 or 6 weeks.	5~6週間はもちますよ。	会保持五六周的时间。 Huì bǎochí wǔ liù zhōu de shíjiān.
C : 천연 염색제는 없나요?	Is there any natural hair coloring?	天然のヘアカラーはありませんか。	有没有天然染色剂? Yǒu méiyou tiānrán rǎnsèjì?
S : 헤나가 있습니다. 순수 식물성 염료여서 모발손상과 자극이 없습니다.	Yes there is. We have henna coloring which uses pure natural hair-dye, so it doesn't damage or irritate your hair.	ヘナがあります。純粋植物性染料なので傷みません。	有个叫做指甲花的染料。这是纯植物性染料，它对毛发根本没有损伤，又没有刺激性。 Yǒu ge jiàozuò zhǐjiǎhuā de rǎnliào. Zhè shì chún zhíwùxìng rǎnliào, tā duì máofà gēnběn méiyou sǔnshāng, yòu méiyou cìjīxìng.
하지만, 밝은 컬러는 되지 않고 블랙과 브라운만 가능합니다.	But with henna coloring, you can only do dark colors such as black or brown.	だけど明るい色は無理でブラックとブラウンだけに染められます。	不过，亮色不行，只有黑色和棕色才可以。 Bùguò, liàngsè bùxíng, zhǐyǒu hēisè hé zōngsè cái kěyǐ.

C : 요즘 모발이 많이 손상되어있으니 헤나염색으로 해주세요.	I'll do henna coloring since my hair is damaged a lot.	最近髪の毛に傷がたくさん付いてますから、ヘナで染めてください。	最近我毛发损伤了很多, 所以我要用指甲花染料染发。 Zuìjìn wǒ máofà sǔnshāngle hěn duō, suǒyǐ wǒ yào zhǐjiǎhuā rǎnliào rǎnfà.

헤어컬러에 관한 용어

한국어	English	日本語	中文
염색	color/dye	ヘアカラー	染发 / 染色 rănfà/ rănsè
베이스컬러	base color	ベースカラー	基色 jīsè
새로 자란 모발	roots/re-growth	新(あたら)しい毛髪(もうはつ)	新长出的毛发 xīn zhăngchū de máofà
탈색	bleach	ブリーチ	脱色 tuōsè
두가지색	two-tone	二色(にしょく)	两个颜色 liăng ge yánsè
하이라이트	highlights	ハイライト	亮色染发 liàngsè rănfà
로우라이트	lowlights	ローライト	深色染发 shēnsè rănfà

주요 컬러의 이름

빨강	red	赤(あか)	红 hóng	주황	orange	オレンジ(おれんじ)	橘红色 júhóngsè
하늘색	sky blue	水色(みずいろ)	天蓝色 tiānlánsè	보라	purple	紫(むらさき)	紫色 zǐsè
연보라	light purple	薄紫(うすむらさき)	淡紫色 dànzǐsè	검정	black	黒(くろ)	黑色 hēisè
회색	gray	グレー(ぐれ)	灰色 huīsè	은색	silver	シルバー	银色 yínsè
금색	gold	ゴールド	金色 jīnsè	분홍색	pink	ピンク	粉红色 fěnhóngsè
노랑	yellow	黄色(きいろ)	黄色 huángsè	초록	green	緑(みどり)	绿色 lǜsè
파랑	blue	青(あお)	蓝色 lánsè	남색	deep blue	紺(こん)	深蓝色 shēnlánsè
갈색	brown	茶色(ちゃいろ)	棕色 zōngsè	살색	pale orange	肌色(はだいろ)	肤色 fūsè
자주색	red purple	赤紫(あかむらさき)	红紫色 hóngzǐsè	주홍	vermilion	朱色(しゅいろ)	鲜红色 xiānhóngsè

주요 헤어컬러의 이름

금발	blonde	ブロンド	金发 jīnfà	자연금발	natural blonde	ナチュラルブロン	自然金发 zìrán jīnfà
잿빛금발	ash blonde	アッシュブロンド	灰金色头发 huījīnsè tóufà	적색	red	レッド	红色 hóngsè
구리색	copper	カッパー	紫同色 zǐtóngsè	적갈색	mahogany	マホガニー	红褐色 hónghèsè
카라멜색	caramel	キャラメル	焦糖色 jiāotángsè	갈색	brunette	ブラウン	褐色 hèsè
회갈색	mousy brown	グレーブラウン	灰褐色 huīhèsè	밤나무색	chestnut	マロンブラウン	栗色 lìsè
검정	black	ブラック	黑色 hēisè	푸른빛검정	blue black	ブルーブラック	蓝黑色 lánhēisè
새까만	ebony pure	リアルブラック	漆黑 qīhēi				

색감에 대한 단어

밝은	bright	明(あか)るい	明亮的 míngliàng de	어두운	dark	暗(くら)い	暗的 àn de
더 밝은	brighter	もっと明(あか)るい	更明亮的 gèng míngliàng de	더 어두운	darker	もっと暗(くら)い	更暗的 gèng àn de
연한	light	薄(うす)い	淡的 dàn de	진한	deep	濃(こ)い	浓的 nóng de
차가운	cold	冷(つめ)たい	冷的 lěng de	따뜻한	warm	暖(あたた)かい	温暖的 wēnnuǎn de
윤기나는	glossy(shiny)	つやがある	嫩滑的 nènhuá de	광택이 없는	matted	光沢(こうたく)のない	无光泽的 wú guāngzé de

미용용어 배경지식 쌓기

* **사이드 베이스(side base)(サイドベース)**

베이스의 중심에서 어느 쪽으로 기울여도 길이가 변하는데, 한쪽으로 기울여서 수직을 만들어 접점 부분을 컷하는 것이다.

* **사이드 스트록(side stroke)(サイドストローク)**

호리존탈 섹션을 사용하여 스트록 커트하는 것을 말한다.

* **사이드 파트(side part)(サイドパート)**

옆쪽으로 나누는 일, 즉 측두부를 따라 가로로 나누는 것을 말한다.

* **산성(acidity)(酸性(さんせい))**

pH가 7 이하로 1~2면 강산성에 속하고 헤어와 두피는 pH가 5.5~6으로 약산성에 속한다.

* **산성 린스(acid rinse)(酸性(さんせい)/アシッド リンス)**

퍼머 후 모발을 원래 pH인 약산성에 맞추어주기 위해 산성의 즙이나 초산을 물과 혼합하여 과도하게 알칼리화된 모발을 중화시켜 중성으로 만드는데 사용된다.

* **산성 샴푸(acid shampoo)(酸性(さんせい)/アシッド シャンプー)**

산성샴푸는 구연산, 린산, 연산 등에 의해 pH 5~6 정도의 약산성으로, 모발 염색과 퍼머넌트 웨이브 시술한 모발에 적합하도록 구성된 세정제이다.

* **산성 퍼머(acid perm)(酸性(さんせい)/アシッド パーマ)**

유리알칼리를 사용하지 않는 pH 5.0~6.5 정도의 퍼머 용제를 사용하여 시행하는 퍼머(permanent wave).

*** 산화방지제(anti-oxidant)(酸化防止剤(さんかぼうしざい))**

pH4정도의 산성 컨디셔너로 모발이 더 이상 산화되는 것을 막아주며 모발을 중화시킨다. 항산화제라고도 한다.

*** 샴푸(shampoo)(シャンプー)**

비누 및 기타의 세제를 사용하여 두피(肚皮)나 모발에 붙어 있는 땀、피지(皮脂)、먼지 등을 씻어내는 일, 즉 세발(洗髮)을 말한다.

*** 샴푸 블리치(shampoo bleach)(シャンプーブリーチ)**

모발 색의 밝기를 조절할 때 염색 전이나 후에 사용하거나 어둡게 염색된 모발의 색을 탈색하고자 할 때 사용되는 기법이다.

*** 선천성 탈모증(congenital alopecia)(先天性(せんてんせい)脱毛症(だつもうしょう)**

손톱, 치아, 골격 등의 여러 가지 결손증과 동반되어 모발이 전부 또는 부분적으로 없을 수 있으며, 모발이 듬성듬성 있거나 잘 자라지 않는다.

*** 세미 롱(semi-long)(セミロング)**

숏과 롱의 중간머리 길이로 정돈된 머리모양이며, 턱부터 약 1cm 아래로 내려온 길이이다.

*** 세미 퍼머넌트 컬러(semipermanent color)(セミパーマネントカラー)**

반영구적인 염색으로 흔히 말하는 산성염색이다.

*** 세실 컷(Cecile cut)(セシルカット)**

프랑스 영화의 주인공 세실의 머리형으로 쇼트 컷 형태이다. 주로 레이저 컷(razor cut)으로 한다.

*** 세컨더리 컬러(secondary colors)(セカンダリーカラー)**

일차색의 혼합에 의해 얻어지는 색을 말하며, 이차색이라고도 한다.

*** 세트 업(set up)(セットアップ)**

구성, 구조의 뜻이며 머리모양을 만들고 끝마무리한다는 뜻이다.

*** 세팅(setting)(セッティング)**

① 주변물과의 미적 관계나 일의 목적을 고려하면서 사물을 배치하거나 새로 갖추는 일.

② 특별한 헤어스타일의 요구에 따라 적절한 모발의 배치와 고정.

*** 섹셔닝(sectioning)(セクショニング)**

cut style을 하고자 할 때 디자인 라인(design line)등과 관련된 style을 만들기 위해 대칭, 균형, 비율 등을 고려하여 구역을 나누는 것을 말한다.

*** 섹션(section)(セクション)**

부분, 구면, 칸막이 등의 의미로 블로킹으로 구분한 부분 또는 더 작게 나눈 부분을 말한다.

*** 섹션 오프(section off)(セクションオフ)**

커트 시 클립이나 핀셋으로 커트하기 쉽게 미리 한 부분을 고정시켜 놓는 것을 말한다.

*** 센터(center)(センター)**

중앙.

*** 센터 네이프(center nape)(センターネープ)**

목덜미에 깃이 닿는 부분의 중앙, 즉 뒷목의 중앙에 해당되는 부분을 말한다.

*** 센터 라인(center line)(センターライン)**

코의 중심을 시작으로 두상을 좌우로 나누는 선이다.

*** 센터 백 파트(center back part)(センターバックパート)**

두정부부터 네이프까지의 전체를 중앙으로 하여 나누는 것으로 센터 파트(center part, 중앙에서 가름)의 가름선을 더욱 뒤쪽으로 진행시켜, 후두부의 목덜미 중심까지 세로로 갈라 나눈 것이다.

*** 센터 파트(center part) (センターパート)**

모발의 이마의 한 가운데에서 가르는 것으로 비율로 나눈다.

*** 센터 파팅(center parting)(センターパーティング)**

자연적인 가르마.

*** 센터 포인트(center point)(センターポイント)**

중심선과 크라운의 앞부분을 연결하는 포인트.

*** 센터 포 헤드(center for head)(センタ-フォーヘッド)**

정중선을 일컬음.

*** 셰이드 차트(shade chart)(シェードチャート)**

일명 컬러 차트로 사용가능한 색에 대한 제조업자들의 가이드로 접었다 열었다 하는 형태난 전시용 카드 형태 또는 열쇠고리에 부착된 형태 등이 있다.

*** 셰이크 헤어(shake hair)(シェイクヘア)**

shake란 흔들리는, 용동한다는 뜻이며 셰이크 헤어란 head자체의 hair를 흔들어서 style의 유동적인 모습을 볼 수 있고, 흔들어서 모발을 드라이하는 자연 건조 방법이다.

*** 셰이프(shape)(シェイプ)**

2차원(면)을 의미하며 가로와 세로로 이루어진 형태의 2차원적 표현으로서 헤어디자인의 모양은 형태선이라고 알려진 바깥 경계 또는 윤곽으로 나타낸다.

*** 소바쥬(sauvage)(ソバージュ)**

언켐트 룩(unkempt look, 덥수룩한, 손질이 필요 없는)의 일종으로 깔끔하게 스타일링하지 않고 야성의, 미개인, 야만인의 뜻이다. 머리 끈에 펴머 넷을 씌워 마무리하는 테크닉을 하지 않고 시술하는 것이 특징이다.

* **쇼트 스트록**(short strok)(ショートストローク)
짧은 모발에 대해서 가위가 들어가는 각도(0° ~10°)이며 스트록이 되는 패널의 길이도 짧고 모발의 양도 적게 하는 것을 말한다.

* **쇼트 컷 파팅**(short cut parting)(ショートカットパーティング)
단발형의 일종으로 모발을 나눌 수 있도록 짧게 컷되어 꾸며진 스타일.

* **숏 스컬프쳐**(sut sculpture)(ショートスカルプチャー)
짧은 머리 커트를 일컬음.

* **쉐이프**(shape)(シェイプ)
형상, 모양, 목적의 방향으로 빗질을 했을 때의 형을 일컬음.

* **쉐이핑**(shaping)(シェイピング)
콤으로 빗질하여 형을 만드는 일을 말한다.

* **쉬프티드**(shifted)(シフティッド)
변이분배. 인크리스 레이어 형에서 최대의 머리 길이와 커트한 머리의 머리끝이 보이는 쉐이프에서 블랜딩을 위해 사용하는 테크닉이다.

* **스캘프**(scalp)(スカルプ)
두개골을 감싸고 있는 피부로 두피(肚皮)라고도 한다.

* **스캘프 로션**(scalp lotion)(スカルプローション)
두피 로션으로 건성 두피나 비듬을 치료하기 위해 사용하는 액체로 된 화장품.

* **스캘프 마사지**(scalp massage)(スカルプマッサージ)
두피 마사지로 두피 표면의 혈액 순환을 자극하기 위해 손가락 끝을 사용하는 순환성 운동이다.

＊스캘프 무브먼트(scalp movement)(スカルプムーブメント)

두피의 운동을 말하는데 치료의 일부분으로 두피를 움직이는 과정을 말한다.

＊스캘프 스티머(scalp steamer)(スカルプスチーマー)

두피 스티머로 두피에 스팀을 쏘이기 위해 뜨거운 타월을 놓을 때 사용되는 기구이다.

＊스캘프 트리트먼트(scalp treatment)(スカルプトリートメント)

트리트먼트 제품과 기기 또는 손을 사용하여 두피내의 혈액순환을 활성화 시키고 두피의 더러움과 비듬을 제거 시켜주는 방법이다.

＊스컬(skull)(スカル)

두개골.

＊스컬프처드 컬(sculptured curl)(スカルプチャードカール)

핀컬 테크닉에서 모발에 빗질한 생태를 그대로 유지하여 일부의 모발 스트랜드를 쪼아내는 작업으로 카브드 컬(carved curl)이라고도 한다.

＊스컬프팅 텍스처(sculpting texture)(スカルプティングテクスチャー)

컷한 머릿결.

＊스쿠프 컷(scoop cut)(スクープカット)

'퍼내다' 라는 의미로서 가윗날로 모발을 떠내는 것처럼 컷하는 것으로 모량을 조절할 때 사용되는 기법이다.

＊스퀘어 라운드 컷(square round cut)(スクエアラウンドカット)

각이 져 있으면서도 둥근형인 컷이다.

＊스퀘어 컷(square cut)(スクエアカット)

박스(box)형으로 각진 컷으로서 컷라인은 네모지게 하는데 이 컷은 프론트와 사이드의 이음선과 목덜미와 프론트 이음에 볼륨감이 나온다.

*** 스퀘어 파트(square part)(スクエアパート)**

4각으로 나누는 것으로 모발 나누기 기본형의 하나이다.

*** 스킨 헤어(skin hair)(スキンヘア)**

피부나 두피가 투시될 정도로 짧은 헤어스타일.

*** 스킴(skim)(スキム)**

컷할 때 가윗날이 모발 표면을 스치듯이 미끄러지듯이 하는 기법.

*** 스타일링(styling)(スタイリング)**

퍼머나 염색 등이 끝난 후 전체적인 헤어스타일을 만들어 얼굴형과 직업, 키 등에 가장 알맞게 머리 형태를 만드는 것을 말한다.

*** 스타일링 콤(styling comb)(スタイリングコーム)**

백콤을 넣거나 완성된 상태의 형을 잡거나 특히 앞머리 부분을 세울 때 스프레이와 함께 사용하는 빗이다.

*** 스택 와인드(stack wind)(スタックワインド)**

두발에 로드를 말아서 로드를 벽돌처럼 배열시키는 방법이다.

*** 스탠드 업 컬(stand up curl)(スタンドアップカール)**

두피 위에 90° 로 세워진 컬.

*** 스템(stem)(ステム)**

베이스에서 핀컬이 시작되는 모근 부분부터 고리 형태의 시작 부분인 스타일의 기둥 부분으로 컬이나 웨이브의 뿌리 부분에 해당되어 볼륨의 정도에 따라 롱(long)스템, 하프(half)스템, 노(no)스템 등으로 나누며, 이 부분의 처리가 컬이나 웨이브에서는 상당히 중요하다.

*** 스텝 컷(step cut)(ステップカット)**

쇼트의 단차 컷.

*** 스트랜드(strand)(ストランド)**

① 머리단, 한 다발의 머리카락, 요소, 성분.

② 가닥으로 가른 모발 또는 한 단위를 형성하는 모발.

*** 스트랜드 테스트(strand test)(ストランドテスト)**

염색, 탈색, 펌 웨이브, 모발 완화제 등을 적용하기 전에 필요한 현상이나 처리 과정을 결정하기 위해 하는 테스트로 모발이 화학 작용에 견디는 능력을 측정하는 것은 물론, 모발의 유공성, 탄력성을 알아보기 위하여 실시한다.

*** 스트럭처(structure)(ストラクチャー)**

두상의 곡면을 따라 펼쳐진 길이 배열.

*** 스트레이트 뱅(straight bang)(ストレートバング)**

앞이마 쪽으로 똑바로 내린 앞머리의 애교머리.

*** 스트레이트 보브(straight bob)(ストレートボブ)**

직선적이고 힘이 넘치는 쇼트 스타일.

*** 스트레이트 파트(straight part)(ストレートパート)**

① 똑바로 나눈 가르마로 파트는 머리의 가르마를 말한다.

② 목덜미의 깃 닿는 부분의 중앙, 즉 뒷목의 중앙에 해당되는 부분을 말한다.

*** 스트레이트 헤어(straight hair)(ストレートヘア)**

모발의 단면이 원형이다.

*** 스트로크 컷(stroke cut)(ストロークカット)**

가위로 컷하는 기법의 하나로 가위를 모발 끝에서부터 모근 쪽으로 향해 미끄러뜨려서 자르는 컷이다.

＊스파이럴(spiral)(スパイラル)

나선형의 뜻으로 머리칼 밑 부분에서 머리끝으로 나선 상태로 마는 것을 말한다.

＊스파이럴 와인딩(spiral winding method)(スパイラルワインディング)

머리의 뿌리 부분에서부터 나선형으로 머리를 말아 내려오는 방법을 말하는데 르네상스 퍼머넌트 로드 등 다양한 형태와 이름을 가진 로드를 이용하여 와인딩하는 퍼머넌트 웨이브로서 긴 머리에 많이 활용되며 웨이브의 선이 선명하게 형성된다.

＊스파이럴 컬(spiral curl)(スパイラルカット)

나선형으로 마는 펌컬이나 핀컬로 모발의 뿌리 부분부터 일정한 컬이 반복되는 컬이다.

＊스파이럴 펌(spiral perm)(スパイラルパーマ)

나선형 펌으로 모발이 두피로부터 끝을 향하여 펌 로드에 감기는 펌웨이브 방식이다.

＊스파이키 스타일(spiky style)(スパイキースタイル)

불규칙한 길이의 머리를 빳빳이 세운 형태.

＊스프레이(spray)(スプレー)

헤어스프레이 또는 미스트라고 부른다. 스타일을 유지、고정하기는 기능.

＊슬라이딩 커팅(sliding cutting)(スライディングカッティング)

가위를 레이저와 같이 사용하여 장단의 차가 심하게 된 모발을 자연스럽게 연결하는 방법.

＊슬라이스 라인(slice line)(スライスライン)

두발의 작은 베이스로 갈라 잡을 때 생기는 선.

＊슬라이싱(slicing)(スライシング)

미끄러지면서 컷하는 컷 테크닉의 용어도 되고 핀컬이나 롤러 세팅할 때 한 번에 사용될 머리 섹션을 얇게 나누어 꼬리 빗이나 횡 빗으로 모발을 나누어내는 과정에도 포함된다.

*** 슬리크 스타일(sleek style)(スリークスタイル)**

매끄러운 머리의 흐름으로 구성한 머리형으로 쇼트 헤어로 라인을 살린 머리형이나 롱헤어의 다운 스타일(donw style) 또는 업스타일(up style) 등이 있다.

*** 슬릭 스타일(slick style)(スリックスタイル)**

슬릭은 매끈매끈하다는 뜻으로 웨이브를 만들지 않고 산뜻한 머리 모양으로, 숏 헤어의 일종이다.

*** 시뇽 스타일(chignon style)(シニヨンスタイル)**

긴 머리를 땋아서 상투와 같은 것으로 꾸민 스타일로 짧은 머리에 상투와 같은 머리 조각을 붙인 것 등이 있다.

*** 시메트릭(symmetric)(シメトリック)**

좌우의 모발 길이가 대칭이 되는 밸런스가 통일된 것.

*** 시어 오버 콤(shear-over comb)(シアーオーバーコーム)**

헤어가 두피 가까이에 붙는 효과를 얻기 위한 이발 기법으로 컷을 위해 헤어를 제 위치에 잡아주는 가이드로 빗이 사용된다. 이때 빗의 각도로 컷하는 모발의 양을 결정한다.

*** 시어 포지션(shear position)(シアーポジション)**

가위 위치.

*** 시저스(scissors)(シザー)**

지렛대의 역학적 원리를 응용한 커팅 기구.

*** 시저스 앵글(scissors angle)(シザーアングル)**

가위의 각도.

*** 시저 오버 콤(scissor-over-comb)(シザーオーバーコーム)**

짧은 헤어 컷 시 빗 위에 나온 모발을 빗과 평행하게 가위로 컷하는 것으로 컷 후 소프트한 느낌을 준다.

*** 싱글링(shingling)(シングリング)**

'shingle' 밑을 짧게 자른다는 의미로 후두부 머리를 짧게 컷하는 방법.

*** 싱글 보브 스타일(single bob style)(シングルボブスタイル)**

보통은 네이프 라인에서 옵티컬까지 그라데이션 컷으로 짧게 컷하여 후두부 라인에서는 단발스타일인 형태로 깎아 올린 스타일.

*** 싱글 프롱 클립(single prong clip)(シングルプロンクリップ)**

모발 연출 시 사용되는 기구로서 손잡이에 연결된 핀 부분이 하나로 되어있는 집게 모양의 핀으로 핀컬을 고정하거나 헤어 연출을 할 때 잠시 고정하는 경우에 주로 사용된다.

8. 헤어드라이와 업스타일 시술시 필요한 회화

Applying hair dry and up style : ドライ・アップスタイル
實行吹風和束發的會話 Shīxíng chuīfēng hé shùfà de huìhuà

드라이시술에 있어서는 **그 나라의 유행코드에 맞는 웨이브를 파악**하고 얼굴형이나 **그날의 T.P.O에 맞게 연출**할 수 있는 드라이디자인을 제안하고, 업스타일은 각 나라 전통적인 업스타일 특징이 존재하므로 특히 **전통복이나 서양식 드레스를 입는 경우라면 그에 맞는 업스타일을 시술**해 줘야 한다.

스타일북을 통해 대체적인 디자인 맥락을 서로 의견을 교환해 결정한 뒤 시술하도록 하고, 업스타일의 경우 **포인트 헤어악세사리나 컬러스프레이 등에 대해서도 시술여부결정**을 미리한 뒤 시술을 시작하도록 한다.

드라이나 업스타일에 있어서도 모질파악이 중요요소인데 상대적으로 **무리한 고열의 아이론시술**로 인하여 모발이 탄다든지 하는 치명적인 손상을 입게 되면 정말 돌이킬 수 없다는 사실을 꼭 명심하고 약한 열로부터 시작하여 모발상태를 파악하면서 온도를 맞춰 나가도록 하는 것이 관건이다.

드라이상담 및 시술

C : 시간이 별로 없는데 드라이 부탁드립니다.	I don't have much time but please dry my hair.	時間があまりないのでブローをお願いします。	我的时间比较紧，请把头发吹干。 Wǒ de shíjiān bǐjiào jǐn, qǐng ba tóufa chuīgān.
S : 최대한 빨리 해드리겠습니다.	I'll do it as soon as possible for you.	できるだけ早くお願いします。	我会马上为您服务的。 Wǒ huì mǎshang wèi nín fúwù de.
드라이 보를 씌워 드리겠습니다.	I will place a styling cape over you.	ドライのキャップをおかけします。	我会为您把吹干布套在您头上。Wǒ huì wèi nín ba chuīgān bùtào zài nín tóu shang.
머리에 물스프레이 하겠습니다.	I will spray water on your hair.	髪をぬらします。	我会为您的头发进行喷水。 Wǒ huì wèi nín de tóufa jìnxíng pēnshuǐ.
S : 원하는 스타일이 있으세요?	Is there a style you would like?	どんなヘアースタイルにしますか。	你想要什么样的造型? Nǐ xiǎng yào shénmeyàng de zàoxíng?
C : – 곧게 펴 주세요.	I'd like to have my hair straight.	まっすぐにしてください。	我想做直发。Wǒ xiǎng zuò zhífà.
– 안으로 넣어주세요.	I'd like to have my hair turned under.	中に巻いてください。	请往里面卷。Qǐng wǎng lǐmian juǎn.

– 밖으로 뻗치게 해주세요.	I'd like to have my hair flipped up.	外にまいてください。	请往外卷。Qǐng wǎng wài juǎn.
– 웨이브로 해주세요.	I'd like to have my hair wavy.	ウェーブにしてください。	我想做卷发。Wǒ xiǎng zuò juǎnfà.
– 오늘 특별한 파티가 있으니 예쁘게 드라이 해주세요.	I have a special occasion to attend to, so please do my hair for it.	今日は特別なパーティーがあるのできれいにブローお願いします。	今天我有个特别的聚会，请给我做一个漂亮的发型。 Jīntiān wǒ yǒu ge tèbié de jùhuì, qǐng gěi wǒ zuò yī ge piàoliang de fàxíng.
S : 얼굴형이 예쁜 계란형이라 어떤 스타일도 잘 어울리시겠어요.	You have a pretty oval face, so any hair style will look good on you.	顔型がきれいなたまごがたなのでどんなスタイルもおにあいますよ。	你的脸型是鹅蛋脸型，这个发型是很适合您的。 Nǐ de liǎnxíng shì édàn liǎnxíng, zhège fàxíng shì hěn shìhé nín de.
C : 우아한 스타일로 해주세요.	I'd like to look elegant.	ちょっと優雅な感じにしてください。	我想要一个看上去优雅的发型。 Wǒ xiǎng yào yī ge kàn shangqu yōuyǎ de fàxíng.
S : 그럼, 약간 웨이브를 주겠습니다.	– OK. I will give your hair a little wave. – I'll give a little wave on your hair.	じゃ、すこしウェーブをいれますね。	好，那我给您做个小波浪卷发。 Hǎo, nà wǒ gěi nín zuò ge xiǎo bōlàng juǎnfà.
앞머리는 어떻게 해 드릴까요?	How would you like your bangs?	前髪はどうしますか。	刘海要怎样做呢? Liúhǎi yào zěnmeyàng ne?

C : – 위로 올려주세요.	I'd like them up.	うえにあげてください。	往上弄吧。Wăng shàng nòng ba.
– 아래로 내려주세요.	I'd like them down.	下にさげてください。	往下弄吧。Wăng xià nòng ba.
– 옆으로 해주세요.	I'd like them blown sideways.	横にながしてください。	往旁边弄吧。Wăng pángbiān nòng ba.
S : 뜨거우시면 말씀하세요.	Let me know if you feel hot.	あつかったら言ってくださいね。	烫的话请告诉我们。 Tàng de huà qǐng gàosu wǒmen.
C : – 괜찮아요.	It's alright.	大丈夫です。	没关系的。Méi guānxi de.
– 목 부분이 조금 뜨거워요.	My neck feels a bit hot.	首のところが熱いです。	脖子有点儿烫。Bózi yǒudiǎnr tàng.
S : 죄송합니다. 스프레이를 뿌려 드릴까요?	I'm sorry. Would you like hair spray?	すみません。 スプレーはしますか。	对不起。Duìbuqi. 需要喷雾吗? Xūyào pēnwu ma?
C : 약간만 뿌려주세요.	Just a little bit, please.	少しお願いします。	少喷一点儿吧。Shǎo pēn yìdiǎnr ba.
S : 마음에 드세요?	How do you like it?	お気に召しましたか。	您满意吗? Nín mǎnyì ma?
C : 네, 다음에도 이런 스타일로 부탁드립니다.	Yes. I would like this hairstyle next time as well.	次もこのヘアースタイルでお願いします。	是的, 下次我还要这个发型。 Shì de, xiàcì wǒ hái yào zhège fàxíng.

업스타일 상담 및 시술

한국어	English	日本語	中文
C : 오늘 행사가 있어 올린머리를 하러왔습니다.	I want a up style for an event today.	今日(きょう)は出(で)かけるのでアップスタイルに	因为今天我有个活动,所以来这儿做个合适的发型。 Yīnwèi jīntiān wǒ yǒu ge huódòng, suǒyǐ lái zhèr zuò ge héshì de fàxíng.
S : 원하시는 스타일이 있으세요?	Is there any sort of style you have in your mind?	ご希望(きぼう)のスタイルがありますか。	您有想要的发型吗? Nín yǒu xiǎng yào de fàxíng ma?
C : 한복을 입을 예정이니 예쁘게 해주세요.	I'm going to wear han-bok, so please style it so that it goes well with my attire.	チョゴリ(ちょごり)を着(き)るつもりなのできれいにお願(ねが)いします。	给我做一个适合穿韩服的发型。 Gěi wǒ zuò yī ge shìhé chuān Hánfú de fàxíng.
S : 그럼요. 스타일북을 보여드릴게요.	Yes. let me show you a style book.	そうですか?じゃ、ヘアーカタログをもってきますね。	好的, 那给您看一下发型册吧。 Haǒ de, nà gěi nín kàn yīxià fàxíngcè ba.
C : 그냥 잘 어울리는 스타일로 해주세요!	Just do whatever goes best for me!	似合(にあ)うスタイルにしてください。	就给我做一个适合我的发型就可以了。 Jiù gěi wǒ zuò yī ge shìhé wǒ de fàxíng jiù kěyǐle.

S : – 로맨틱한 스타일로 해드릴게요.	Give you a romantic style.	ロマンティックなスタイルにしてさしあげますね。	给您做一个浪漫的发型。 Gěi nín zuò yī ge làngmàn de fàxíng.
– 귀여운 스타일로 해드릴게요.	I'll go for the cute style.	可愛(かわい)いスタイル(すたいる)にしますね。	给您做一个可爱的发型。 Gěi nín zuò yī ge kě'ài de fàxíng.
– 자연스러운 스타일로 해드릴게요.	I'll try to pull a natural style.	ナチュラル(なちゅらる)な感(かん)じにしますね。	给您做一个自然的发型。 Gěi nín zuò yī ge zìrán de fàxíng.
C : 행사시간에 늦지 않게 서둘러 해주세요.	Please hurry up so I don't run late for the event.	約束時間(やくそくじかん)に遅(おく)れないようにお願(ねが)いします。	为了不迟到，请赶紧做吧。 Wèile bù chídào, qǐng gǎnjǐn zuò ba.
S : 컬러스프레이나 헤어악세사리를 해드릴까요?	Do you want any color sprays or hair accessories?	カラースプレーやアクセサリーもつけましょうか。	需要喷发型颜色喷雾或戴头饰吗? Xūyào pēn fàxíng yánsè pēnwù huò dài tóushì ma?
C : – 네 어울리는 걸로 해주세요.	Yes. Anything fits, please.	はい、似合(にあ)うのを選(えら)んでください。	好，帮我做适合我的吧。 Hǎo, bāng wǒ zuò shìhé wǒ de ba.
– 아니요, 심플한 게 좋아요.	No. I'd like to keep it simple.	いいえ、シンプルなのがいいんですけど。	不，我想保持这个简单的发型。 Bù, wǒ xiǎng bǎochí zhège jiǎndān de fàxíng.

S : 마무리되었습니다. 수고하셨습니다.	It's done. Thank you for waiting.	おわりました。 お疲(つか)れ様(さま)でした。	结束了，辛苦了。Jiéshùle, xīnkule.
좋은 행사되세요!	Good luck with your event!	楽(たの)しんできてくださいね。	祝您有个愉快的活动。 Zhù nín yǒu ge yúkuài de huódòng.

미용용어 배경 지식 쌓기

＊아날리시스(analysis)(アナリシス)

분석의 의미, 전체를 각 부분으로 분리하여 그들의 본질, 기능, 전체에 대한 비율적 관계를 결정하는 것을 말한다.

＊아웃사이드 셰이핑(outside shaping)(アウトサイドシェイピング)

모발의 바깥쪽에서 모발의 형을 만드는 것.

＊아웃사이드 테이퍼(outside taper)(アウトサイドテーパー)

모발의 끝을 바깥쪽으로 향하게 하고 싶을 때나 모발의 표면을 테이퍼하고 싶을 때에는 모발의 표면에서부터 레이저를 사용하여 테이퍼 한다.

＊아웃 컷(out cut)(アウトカット)

밖으로 자르는 법으로 손등이 보일 수 있는 상태로 정도(靜刀)를 가만히 고정시키고 동도(動刀)만을 개폐하여 컷한다.

＊아칭(arching)(アーチング)

아칭 동작을 사용하여 머리 길이를 자르는 레이저 테크닉을 일컬음.

＊아프로 스타일(afro style)(アフロスタイル)

아프로란 라틴어에서 온 것으로 아프리카의 또는 아프리카인의 뜻.

＊아프로 콤(afro comb)(アフロコーム)

매우 곱슬곱슬한 컬리헤어(curly hair)나 웨이브 헤어(wavy hair)모발에 사용한다.

* **아프로 퍼프**(afro puff)(アフロパフ)

가운데 가르마를 하고 머리를 양 귀의 옆으로 모아 부풀린 머리 형태.

* **압박성 탈모증**(pressure alopecia)(圧迫性脱毛症(あっぱくせいだつもうしょう))

주로 누워 있는 영아의 후두부에 잘 생기며 성인에게서 는 전신마취나 만성질환으로 오랫동안 같은 위치로 누워 있을 때, 일정한 부분이 계속적으로 압박되어 탈모가 일어난다.

* **애벌 염색**(pre-soptening)(プレ ソフニング)

두발에 염색제 혹은 탈색제를 쉽게 받아들일 수 있는 상태로 준비해 주는 과정을 말하며, 큐티클 등을 열어 두어 산화 염색제의 색상이 쉽게 침투될 수 있도록 한다.

* **애플리케이션**(application)(アプリケーション)

모발의 한 부분이나 전체에 염모제나 탈색제 또는 어떠한 작업을 하기 위해 제품을 도포하는 것.

* **액티베이티드**(activated)(アクティベーティッド)

커트한 머리끝이 보이는 거친 머리 표면을 말한다.

* **언밸런스 컷**(unbalanced cut)(アンバランスカット)

머리 좌우의 크기가 형을 바꾸면서 균형 잡히지 않은, 즉 언밸런스한 아름다움을 강조한 헤어스타일.

* **언액티베이티드**(unactivated)(アンアクティベーティッド)

컷한 모발의 끝이 보이지 않으며 연결되는 매끄러운 표면.

* **업스타일**(up style)(アップスタイル)

올림머리, 얹은머리로 머리모양의 기본 중 하나이며, 끝 부분이나 양측 두부의 머리를 두정부에서 한데 합친 머리의 총칭이다.

*** 업 스트로크(up stroke)(アップストローク)**

스트로크 컷 할 때 가위의 날 끝이 위쪽을 향하게 하는 기법.

*** 업 콤(up comb)(アップコーム)**

머리 윗부분(두정부)으로 머리를 빗는 것.

*** 에그 샴푸(egg shampoos)(エッグシャンプー)**

계란을 이용한 샴푸로서 손상된 모발에 영양이나 유분이 부족한 모발에 적합하다.

*** 엔드 나칭(end notching)(エンドノッチング)**

모발의 맨 끝만을 나칭하는 것을 말한다.

*** 엔드 랩(end wrap)(エンドラップ)**

콜드 펌 웨이브 로드를 감을 때 모발을 조절하고 보호하기 위해 모발의 끝에 대는 종이로 엔드 페이퍼라고도 한다.

*** 엔드 페이퍼(end paper)(エンドペーパー)**

퍼머넌트 와인딩 할 때 모발의 끝부분에 대는 특수한 종이로서 엔드페이퍼가 없으면 와인딩 하기가 곤란하고 중화액의 침투가 용이하게 하는 역할을 한다.

*** 엘라스티시티 테스트(elasticity test)(エラスティシティテスト)**

탄력, 탄성, 신축성, (미)신축성 테스트는 머리카락 내부 즉, 코텍스의 손상 정도를 판단하는 방법으로 신축성 테스트라고도 한다.

*** 염색모(dying hair)(染毛(せんもう))**

염색을 한 모발.

*** 오니 핀(pin)(オニピン)**

헤어핀의 일종으로 핀 등으로 고정하기 위해 쓰는 U자형의 핀.

*** 오버디렉션**(overdirection)(オーバーディレクション)

헤어가 자연스럽게 떨어지는 방향과 반대 방향, 즉 좌측이나 또는 우측으로 당겨 빗질하는 것.

*** 오버랩 스타일**(overlap style)(オーバーラップスタイル)

컬이 겹쳐져서 이루어진 것 같은 머리형.

*** 오버 콤 테크닉**(over comb technique)(オーバーコームテクニック)

머리의 길이를 유지하는 가이드로 빗을 사용하는 가이드로 빗을 사용하는 컷 기법으로서 빗 위로 삐져나온 머리를 가위나 클리퍼 또는 테이퍼링 가위(티닝 가위)와 같은 기구를 사용하여 컷하는 기법을 말한다.

*** 오버타임**(overtime)(オーバータイム)

퍼머넌트 시술시 프로세싱타임의 효과로 중화제액을 도포할 시기가 지난 것을 말한다.

*** 오버프로세스**(overprocessed)(オーバープロセス)

보통 펌이나 염색약처럼 화학적인 제품을 사용하여 작업을 할 경우 적당한 약의 작용시간이 필요하며 머리카락의 컨디션에 따라 약의 작용시간이 다른데, 이때 적당한 시간 보다 너무 지나치게 되면 모발이 손상을 입게 된다.

*** 오벌 컷**(oval cut)(オーバルカット)

타원형으로 cutting하는 헤어스타일로 각지고 둥근 단발머리를 말한다.

*** 오포지트 디렉션**(opposite direction)(オポジットディレクション)

모발 흐름의 반대 방향.

*** 온 더 베이스**(on the base)(オンザベース)

두피에서 이등변삼각형을 이루는 것으로 패널의 두피에 대해 베이스의 중심이 90° 가 되도록 접점을 모아서 컷하는 것.

*** 올 백 스타일**(all back style)(オールバックスタイル)

가르마를 타지 않고 헤어라인에 있는 모발 전부를 얼굴 뒤쪽으로 향해 빗겨내는 스타일로 스트레이트 백, 심플 컷이라고도 함.

＊원 렝그스(one length)(ワンレングス)
머리 끝선이 단차가 없는 컷선.

＊원 롤 스타일(one roll style)(ワンロールスタイル)
하나의 롤로 만든 스타일로 원롤은 '바깥쪽으로 만다' 의 뜻이다.

＊원 오프 베이스(one off base)(ワンオフベース)
롤러 컬이나 핀컬을 할 때 본래 컬의 베이스만큼 아래나 뒤로 물러나서 컬이 고정되는 경우를 말한다.

＊웨이브(wave)(ウェーブ)
영어로 '물결치다' 라는 뜻을 가진 웨이브란 우리가 흔히 접하는 단어로서 퍼머로 연출할 수도 있고, 드라이나 헤어 롤을 이용해 만들 수도 있다.

＊웨이브 아이롱(wave iron)(ウェーブアイロン)
아이롱의 납작한 양면에 웨이브 모양의 홈이 있어 누르면 웨이브를 얻을 수 있는 아이롱.

＊웨트 컷(wet cut)(ウェットカット)
모발을 적셔서 컷하는 방법.

＊위브 컬러링(weave coloring)(ウェーブカラーリング)
염색을 할 때 1개의 머리다발에서 몇 가닥의 머리카락을 선택하여 하이라이트, 로라이트 등을 하여 포인트를 주는 염색기법.

＊위그(wig)(ウィッグ)
가발의 한 유형으로, 두상의 95~100%를 감싸는 형태의 가발을 의미한다.

＊위브 와인딩(weave winging)(ウェーブワインディング)
슬라이스 사이사이에 일정 모발을 와인딩하지 않음으로써 웨이브를 내지 않는 기법이다. 위빙 펌(weaving permanent)이라고도 한다.

*** 위스피**(wispy)(ウィスピー)

이마에 걸친 머리를 얼굴 쪽으로 말아 발랄해 보이는 머리스타일.

*** 유니폼 레이어**(uniform layer)(ユニフォームレイヤー)

뒷목덜미 부위를 길게 컷한 것.

*** 유니폼리 레이어드 텍스처**(uniformly layered texture)(ユニフォームリーレイヤードテクスチャー)

머리의 전체적인 헤어 길이를 동일하게 만들어 내는 활동적인 모발의 질감.

*** 유멜라닌**(eumelanin)(ユメラニン)

모발의 가운데층인 모피질(cortex)에 있는 두 종류의 멜라닌(melanim)색조 알갱이로서, 가장 흔하고 제일 진한 색소이며 갈색과 검은색을 나타내는 색소로 흑인이나 동양인의 피부나 모발 색을 결정한다.

*** 유화**(emulsifcation)(乳化(にゅうか))

서로 용해되지 않는 두 액체의 한 쪽이 미립자가 되어 다른 쪽 액체 중에 분산하여 에멀젼을 생성하는 현상이다.

*** 육모제**(hair grower)(育毛剤(いくもうざい))

모발의 성장을 촉진 외에도 박모, 가려움, 탈모 예방, 비듬 제거, 모생 촉진, 병후나 산후 탈모 방지, 양모의 효과 등 다양하다.

*** 이브닝 스타일**(evening style)(イブニングスタイル)

저녁 모임에 어울리는 화려한 머리형으로 헤어 쇼의 한 종목.

*** 이사도라**(lsadora style)(イサドラ)

앞올림형으로 앞머리가 네이프 라인보다 3~4cm 짧아지게 컷한 원랭스 스타일.

*** 이어 투 이어 라인**(ear to ear line)(イヤートゥイヤーライン)

이어 포인트(ear point : E.P.)에서 이어 포인트(E.P.)로 연결한 선으로 측중선이라고도 한다.

＊이어 투 이어 파팅(ear to ear parting)(イヤートゥイヤーパーティング)

귀 뒤쪽에서 두상을 가로질러(골덴 포인트, 백 포인트, 톱 포인트)다른 한쪽의 귀까지 상하로 갈라 나누는 것으로 이어 그라비티 스프릿(ear gravity sprit)이라고도 한다.

＊이어 포인트(ear point)(イヤーポイント)

귀의 가장 높은 중심점.

＊이치리스 샴푸(itchless shampoo)(かゆみどめシャンプー)

두피의 가려움을 완화시켜 주는 특수 샴푸이다.

＊익스텐션(extension)(エクステンション)

붙이는 머리의 일종으로 머리의 길이, 양감, 다른 질감을 더하며, 원하는 부위에 자연스럽게 다룰 수 있는 것이 특징이다.

＊인그로운 헤어(ingrown hair)(イングロウンヘア)

피부 속으로 자라는 모발로, 성장하면서 모발 말단의 피부 안쪽이나 아래쪽으로 깊숙이 박혀 때때로 감염을 일으키는 모발을 말한다.

＊인덴테이션 와인딩(indentation winding)(インデンテーションワインディング)

거꾸로, 반대방향으로 마는 것으로 와인딩은 머릿단의 안쪽에 로드를 대고 말아 가는데, 이렇게 하면 볼륨이 없는 웨이브가 나온다.

＊인디렉트 포인트(indirect point)(インディレクトポイント)

직선이나 곡선을 사용한 달걀형의 가르마.

＊인모 가발(man's hair wig)(人毛(じんもう)ウィッグ)

사람의 머리카락으로 만들어진 가발로서 컷, 드라이, 퍼머넌트 연습용으로 적당하다.

＊인사이드(inside)(インサイド)

내측, 안쪽, 헤어스타일의 볼륨감을 나타내며 질감(texture)의 많고 적음을 표현.

*** 인사이드 무브먼트**(inside movement)(インサイドムーブメント)

모발을 머리 가까이 유지시켜 주는 만입, 굴곡, 움직임.

*** 인조모**(synthetic fiber)(合成繊維(ごうせいせんい))

사람의 머리카락과 유사하게 만든 일종의 합성 섬유.

*** 인 컷**(in cut)(インカット)

가위를 손바닥(안) 측으로 잡고 손바닥이 보일 수 있는 상태로 역시 동도만을 움직여 컷하는 방법이다. 이것을 '안으로 자른다(in cut)'라고 하며 곡선의 컷의 기본 동작이다.

*** 인크리스 레이어드 폼**(increase layered form)(インクリースレイヤードフォーム)

길게 층지는 형태로 또는 바깥쪽으로 갈수록 길이가 점점 길어지는 형태로 빨간색으로 코드 된다.

*** 인크리스 헤어커팅**(increase haircutting)(インクリースヘアカッティング)

모발의 길이를 확대、증가시키는 헤어커트 기법.

*** 인크리싱 그래듀에이션**(increasing graduation)(インクリーシンググラデーション)

늘어나는 변화층, 두 개의 평행하지 않은 선에서의 분할, 두 개의 비평행선 안의 변화. 얼굴에서 뒤쪽으로 멀리 갈수록 변화층이 많아진다.

*** 인터널 가이드라인**(internal guideline)(インターナルガイドライン)

스타일을 결정할 때 컷하기 전에 가장 먼저 자르는 가이드라인.

*** 입모근**(arrector pilorum muscle)(立毛筋(りつもうきん))

평활근섬유로 구성되어 모장에 부착되어 있고 모낭의 대각에서 유두층까지 비스듬히 주행하는 근육이다.

9. 두피 및 모발관리시 필요한 회화

Treatment of Scalp and hair : 頭皮(とうひ)・毛髮管理(もうはつかんり) /
頭發和毛發的管理會話 Tóufa hé máofà de guǎnlǐ huìhuà 会话

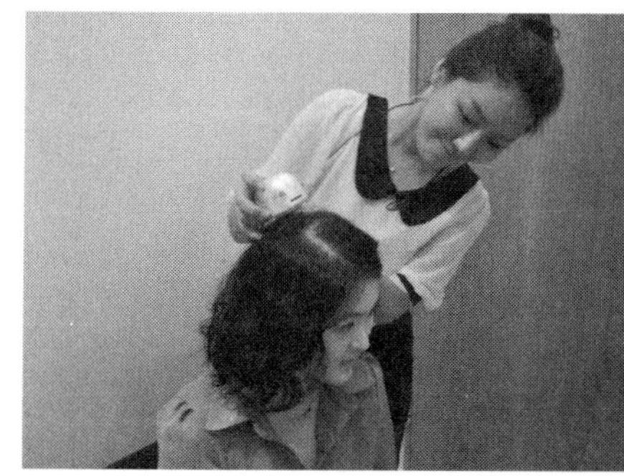

두피모발관리는 특별한 자각증상이 있는 경우에만 하는 고객도 있으나 요즘 추세는 **예방차원 혹은 고객이 릴렉스 할 수 있는 공간 및 시간을 제공하는 개념으로 파악하는 것이 좋다.**

특히 손상 및 이상증상을 자각하고 온 고객이라면 더욱 세심하게 배려하고 **상담하여 원인을 파악하는 것이 관건**이기 때문에 상담에 성의를 다하고 **편안한 분위기를 제공**할 수 있도록 최선의 노력을 다해야한다. 이런 경우 문진을 통해 원인파악 및 애로사항을 진솔하게 말할 수 있게 하는 게 중요하므로 **상담능력을 키울 수 있는 회화실력 또한 관건**이다.

너무 호전될 수 있다는 기대심리를 부추겨서도 곤란하고 또 홈케어를 강조하는 것은 지극히 바람직하나 홈케어 상품 판매에 집중하는 인상을 주어서도 곤란하다.

특히 두피모발관리실은 고객이 릴렉스 할 수 있는 환경이 매우 중요하다. 깨끗한 환경을 유지해야 하며, 심신이 안정될 수 있는 음악(Music therapy)과 고객 상태와 취향에 맞는 은은한 향기(Aroma therapy)를 브랜딩하여 흡입하도록 하고 조명은 모발진단과 마무리 시 외에도 온화한 톤의 간접조명을 사용하도록 한다.

두피모발케어 상담

S : 두피와 모발에 어떤 문제가 있으신가요?	What kind of problem are you having with your hair and scalp?	頭皮と髪にどんなトラブルがありますか。	头发和毛发有什么问题吗? Tóufa hé máofa yǒu shénme wèntí ma?
C : – 요즘 머리카락이 많이 빠져요.	I am loosing lots of hair these days.	最近髪がたくさんぬけるんです。	最近总是掉头发。 Zuìjìn zǒngshì diào tóufa.
– 모발 끝이 갈라져요.	I have spilt ends.	枝毛が多いんです。	头梢分杈。Tóushāo fēnchà.
– 모발이 잘 엉켜요.	My hair is tangled.	髪がからまってしまうんです。	我的头发常常绞在一起。 Wǒ de tóufa chángcháng jiǎo zài yìqǐ.
– 두피가 건성/지성/민감성이에요.	My scalp is dry/oily/sensitive.	頭皮が乾燥/脂性/敏感タイプです。	我的头皮是干燥的 / 油性的 / 敏感的。 Wǒ de tóupí shì gānzào de/ yóuxìng de /mǐngǎn de.
– 비듬이 많이 생겼어요	I have dandruff.	フケひらがなたくさんありますね。	我有很多头屑。 Wǒ yǒu hěn duō tóuxiè.

– 두피가 가려워요.	My scalf is itchy.	頭(あたま)がかゆいです。	头皮痒。Tóupí yǎng.
S : 한번 진단해볼게요.	Let's find out what the problem is.	一度(いちど)見(み)てみますね。	让我给你诊断一下。 Ràng wǒ gěi nǐ zhěnduàn yīxià.
비듬이 있는 것을 아시나요?	Do you know that you have some dandruff?	フケがあるの知(し)っていますか。	你知道你有头屑吗? Nǐ zhīdao nǐ yǒu tóuxiè ma?
C : – 네. 알아요. 그리고 요즘 두피가 가려워요.	Yes, I do. My scalp is itchy recently.	はい、知(し)っています。 だから頭(あたま)がかゆいんです。	我知道，还有我最近头皮痒。 Wǒ zhīdao, hái yǒu wǒ zuìjìn tóupí yǎng.
– 괜찮아요? 전 몰랐어요.	Really? I didn't know.	大丈夫(だいじょうぶ)ですか。 全然(ぜんぜん)わかりませんでした。	你不要紧吧? 我不知道。 Nǐ bùyàojǐn ba? Wǒ bù zhīdao.
– 이제 어떻게 해야 하나요?	What should I do now?	これからどうしたらいいですか。	现在该怎么做呢? Xiànzài gāi zěnme zuò ne?
S : 모발두피관리를 받아 보시는 것은 어떨까요?	What do you think of having a scalp and hair treatments.	頭皮(とうひ)ケアを受(う)けたらいいですね。	试做一下毛发头皮管理，怎么样? Shì zuò yīxià máofà tóupí guǎnlǐ, zěnmeyàng?

저희 샵에 두피케어 프로그램이 있어요.	We have a scalp care program.	ケアのプログラムがあるんですよ。	我们店有头皮管理疗程。 Wǒmen diàn yǒu tóupí guǎnlǐ liáochéng.
C : 얼마나 받아야 하나요.	How long is the program?	どれぐらいかかるんですか。	接受这个疗程需要多长时间? Jiēshòu zhège liáochéng xūyào duō cháng shíjiān?
S : – 전문 관리는 10번 받으셔야 합니다.	Our special hair treatment program consists of 10 treatments.	10回受けないといけませんね。	专业管理的话，得需要接受十次。 Zhuānyè guǎnlǐ de huà, děi xūyào jiēshòu shí cì.
– 일주일이나 한 달에 한 번씩은 스켈링 받으러 오셔야 해요.	You have to come once every week or month for scaling.	一週間または一ヶ月に一度はスケーリングしに来てください。	至少一个月或一个礼拜接受一次刮治术 Zhìshǎo yī ge yuè huò yi ge lǐbài jiēshòu yī cì guāzhìshù.
– 원인이 무엇인지 한번 찾아보겠습니다.	Let's find out what the problem is.	原因が何がを一度調べてみましょう。	让我来找一下原因所在。 Ràng wǒ lái zhǎo yīxià yuányīn suǒzài.
– 살롱에서 관리하시고 집에서도 홈케어관리를 하시는 것이 좋습니다.	Hair treatment in salon and then home care would be better for your hair.	サロンでケアしますが家でもケアーをしたほうがいいですよ。	在美容中心管理，在家也保养的话会更好的。 Zài měiróng zhōngxīn guǎnlǐ, zài jiā yě bǎoyǎng de huà huì gèng hǎo de.

C : 저는 매우 자주 염색을 해요. 그래서 모발에 수분이 없어 매우 건조합니다.	I dye my hair quite often. I also have a hypothyroid problem which causes my hair to be dry.	だから髪(かみ)に水分(すいぶん)がなくなってとても乾燥(かんそう)しているんです。	我经常染发，所以头发没有水分，非常干燥。 Wǒ jīngcháng rǎnfà, suǒyǐ tóufa méiyou shuǐfēn, fēicháng gānzào.
S : – 트리트먼트는 염색으로부터 머릿결을 강하고 건강하게 만들어 줍니다.	The treatments will make your hair healthier and stronger for the color service.	トリ(とり)ートメント(とめんと)はそめた髪(かみ)のつやを健康(けんこう)な髪(かみ)にしてくれるんです。	使用护发修护素会使染后的头质变得强韧、健康。 Shǐyòng hùfà xiūhùsù huì shǐ rǎn hòu de tóuzhì biàn de qiángrèn、jiànkāng.
– 정기적으로 두피와 모발관리를 하는 것은 건강에 좋습니다.	Regular scalp and hair care would be beneficial.	定期的(ていきてき)に頭皮(とうひ)と毛髪(もうはつ)のケアーをするのがいいですね。	定期地做头发和毛发管理对健康是好的。 Dìngqī de zuò tóufa hé máofà guǎnlǐ duì jiànkāng shì hǎo de.

미용용어 배경 지식 쌓기

* **적발증**(erythrism)(**赤髪病**(せきはつびょう))

선천적으로 다소 밝거나 붉은 기운이 모발의 색을 갖는 이상 증상으로 유아에게 두드러지다가 나이가 들수록 감소되는 성향을 보이는데, 이러한 붉은 모발은 탈색하기가 매우 어렵다.

* **전기 세팅기**(electric setter)(**電気セッティング機**)

현대에서 간편하게 가장 많이 사용하는 전기를 이용한 세팅 롤러로서 간편하고 스피디하게 컬을 만들 수 있는 장점이 있다.

* **전기 아이롱**(electric iron)(**電気**(でんき)アイロン)

전기로 자동 온도 조절 장치가 되어 있어서 원하는 온도로 맞추어 사용할 수 있고, 이동하기가 편리하게 되어 있어서 현대에 와서 사용빈도수가 가장 많은 아이롱이다.

* **전기 헤어 아이롱**(electric hair iron)(**電気**(でんき)ヘアアイロン)

헤어 컬링을 만들기 위해 전기를 이용하여 만든 아이롱.

* **전두탈모증**(alopecia totalis)(**全頭脱毛症**(ぜんとうだつもうしょう))

모발 질환에서 원형탈모증의 일종으로 탈모증의 정도에 따라 두발 전체가 탈락되는 증세를 말한다.

* **전신탈모증**(alopecia universalis)(**全**(ぜん)**身**(しん)**脱**(だつ)**毛**(もう)**症**(しょう))

모발 질환에서 원형탈모증의 일종으로 탈모증의 정도에 따라 전신의 모발이 탈락되는 증세를 말한다.

* **중간 린스**(intermediate rinse)(**中間**(ちゅうかん)リンス)

퍼머 시술시 중화제액을 도포하기 전에 제1액의 부산물을 제거하여 제2제의 작용이 원활하게 하기 위하여 물로 세척하는 것.

* **중화**(meutralization)(中(ちゅう)和(わ))

산과 알칼리가 반응하여 염을 생성하는 반응으로 지방산과 알칼리에 의해 비누 생성반응을 가리키는 수도 있다.

* **지루성 탈모**(alopecia seborrhoica)(脂漏性(しろうせい)脱(だつ)毛(もう))

피지선의 과다한 피지분비로 인한 탈모이다.

* **지루성 탈모증**(seborrheic alopecia)(脂漏性(しろうせい)脱(だつ)毛(もう)症(しょう))

체질적으로 피지분비가 많은 사람에게 잘 생기며 스트레스가 악화요인이 될 수 있다.

* **지오메트릭 컷**(geometric cut)(ジオメトリックカット)

기하학적인 직선으로 구성된 스타일로 사선 컷의 기본개념이 되어 있다.

* **직모**(straight hair)(ストレートヘア)

모낭이 피부 표면에 일직선으로 세워져 있어 구불거리지 않는 모발로, 현미경으로 모발 단면을 관찰해 보면 둥글다.

* **직접 와인딩 기법**(direct winding technique)(ダイレクトワインディングテクニック)

두발에 제1제를 바르고 와인딩하는 것.

* **진피**(corium)(真皮(しんぴ))

표피와 피하 지방층 사이에 위치하고 불규칙성 치밀 섬유 결합조직으로 두께는 0.5~4mm 정도로 표피의 10~40배 되는 두꺼운 층으로 실직적인 피부라 할 수 있다.

* **처녀모**(virgin hair)(バージンヘア)

염색과 같은 화학적 시술을 전혀 하지 않은 모발로 건강모, 생머리, 자연모발이라고도 한다.

* **체널 컷**(channel cut)(チャンネルカット)

서로의 길이가 교대로 대조를 이루면 행해지는 커트 테크닉을 말한다.

* **체크 컷(check cut)(チェックカット)**

컷 완성 후 미숙한 부분 또는 잘못 컷된 부분이 있는지 다시 점검하는 컷으로서 크로스 컷(cross cut)과 동의어이다.

* **축모(curly hair)(カーリーヘア)**

자연 곱슬머리로서 원인은 분명하지 않으나 유전에 의한 것이라고 볼 수 있다.

* **취모(lanugo hair)(うぶ毛(げ))**

태아시기에 처음 나타나는 털을 말하는데 모체 자궁 내에서 약 8개월 중에 떨어져 나간다. 모수질이 없고 부드러우며 멜라닌 색소가 적은 갈색 색상을 띄고 있다. 태모(胎母), 생모(生母)라고도 한다.

* **친수성 모발(hydrophilic hair)(親水性(しんすいせい)毛(もう)髪(はつ))**

퍼머액이나 염색액 등이 잘 침투되어 퍼머나 염색하기에 적당한 모발, 즉 물을 분사하면 일부는 방울져 있거나 흘러내리고, 일부는 흡수되는 모발을 말한다.

* **카우릭(cowlick)(カウリック)**

모근이 불규칙하게 일어선 머리칼로 이마의 위에 흐트러진 머리, 매만져 정돈하기 힘든 머리, 서있는 머리카락을 의미한다.

* **카울릭 파트(cowlick part)(カウリックパート)**

가르마 타는 방법의 하나로 이마 위에 흐트러진 머리칼(소가 핥은 듯이)이 일어선 모발이다. 페이스 라인(face line)또는 네이프 라인(nape line)에서 특히 모발의 흐름에서 역방향으로 치켜 뜬 헤어.

* **커팅 앵글(cutting angle)(カッティングアングル)**

커트할 때 패널을 잡는 방법, 즉 각도를 말한다.

* **컨디셔너(conditioners)(コンディショナー)**

모발의 질을 좋게 해주는 제품을 말한다.

* **컨디셔닝**(conditioning)(コンディショニング)
모발이 강도를 높이고 더 이상 손상되지 않도록 하는 것.

* **컨디셔닝 샴푸제**(conditioning shampoos)(コンディショニングシャンプー剤(ざい))
모발의 다공서과 장력가도를 향상시키는 광물 또는 식물성, 동물성 첨가제가 조금 들어가 있는 샴푸제.

* **컨벡스**(convex)(コンベックス)
u라인. 즉 머리의 둥근 형태에 따라서 볼록한 라인을 의미함.

* **컨슈머 스타일**(consumer style)(コンシューマースタイル)
소비자 중심의 헤어스타일을 콘테스트용(대회용)으로 만든 것.

* **컨케이브**(concave)(コンケーブ)
오목한 면으로 컷하는 디자인 라인이나 핑거 웨이브의 오목하게 들어간 면으로 컨벡스의 상대 개념이다.

* **컨케이브 컷**(concave cut)(コンケーブカット)
모발 흐름의 원천(모발 흐름이 시작되는 곳,pivot point)이 제일 짧은 즉 "짧은 머리칼은 긴 머리칼을 밀어 낸다."의 두상과 헤어라인의 특징을 살려서 계산된 컷 기법으로 양감의 조절과 아우트라인을 의미하기도 한다.

* **컬**(curl)(カール)
머리를 마는 것 또는 말린 머리 그 자체이다.

* **컬러다이**(color dye)(カラーダイ)
색체 염모.

* **컬러 리듀서**(color reducer)(カラーリレドゥーサー)
이미 염색된 모발에서 원하지 않는 인공색을 지우거나 벗겨내는 제품.

*** 컬러 리무브(color remove)(カラーリムーブ)**

두피나 페이스 라인에 묻어 있는 염모제를 지우는데 쓰임.

*** 컬러링(coloring)(カラーリング)**

흔히 말하는 염색을 의미.

*** 컬러 매치(color match)(カラーマッチ)**

재염색시 손상되고 아주 민감한 모발을 원하는 색상보다 3레벨이상 퇴색되어 밝은 상태에서 어둡게 염색하고자 할 때.

*** 컬러 무스(color mousse)(カラームース)**

일시적인 염색제로 무스타입이다.

*** 컬러 샴푸(color shampoo)(カラーシャンプー)**

일시적인 염색제로 머리카락을 세척하며 동시에 머리카락에 색상을 입힌다.

*** 컬러 스트리핑(color stripping)(カラーストリッピング)**

색을 벗겨내는 것으로 너무 어두운 색을 밝게 하거나 전의 염색을 제거하는 것을 말한다.

*** 컬러 진단(color creation)(カラークリエーション)**

각 개인의 피부, 머리카락, 눈동자 등의 색과 이미지에 따라 본인에게 어울리는 색상의 계열을 찾아내는 방법으로 천이나 컬러 칩 등을 사용하여 컬러 진단을 할 수 있다. 또한 컬러 진단결과에 따라 메이크업, 헤어 컬러링 시술시에 그리고 패션 코디네이션에도 활용된다.

*** 컬러 체크(color check)(カラーチェック)**

염색된 모발의 색조가 잘 나왔는지 체크하는 것.

*** 컬러 테스트(color test)(カラーテスト)**

모발 염색의 경우 사전에 한 개의 머리 단을 염색하여 염색의 상태를 테스트 한다.

＊컬러 헤어스프레이(color hair spray)(カラーヘアスプレー)

일시적인 착색효과를 가진 헤어스프레이로 요구하는 헤어스타일을 만들거나, 모발의 색이 원하는 색이 아닐 때 사용한다.

＊컬링 헤어(curly hair)(カーリーヘア)

곱슬기가 있는 머리(곱슬머리)로서 컬이란 감은 머리, 또는 비틀은 모발이라는 뜻이다. 컬을 많이 채택한 또는 컬만으로 구성한 볼륨이 있는 헤어스타일을 말한다.

＊컬링 아이론(curling iron)(カーリングアイロン)

머리카락이나 수염 등을 펴주거나 곡선(wave)을 주어 형태를 잡을 때 사용하는 도구로 120° C~140° C의 열을 가해 주어 컬을 형성하는데 프랑스의 마셀 그라또(Marcel Grateau)에 의해서 고안되었다.

＊컬 페이퍼(curl paper)(カールペーパー)

엔드 페이퍼(end paper)라고도하며, 펌이나 핀컬, 롤러 세팅, 아이롱을 할 때 모발 끝이 고르지 못하거나 모발 자락을 흐트러지지 않게 하기 위해서 모발 자락을 감싸는 기능으로 사용되는 흡수력이 있는 다공성 종이이며, 펌을 할 때는 모발이 과도한 퍼머액을 흡수하지 못하도록 예방도 해주며, 아이롱을 할 때는 모발을 화상으로부터 보호할 때 사용되는 종이를 말한다.

＊컷(cut)(カット)

자르다, 절단하다의 뜻.

＊컷 엔드(cut end)(カットエンド)

절단면.

＊케라틴(keratin)(ケラチン)

경(硬)단백질의 하나로서 모발、손발톱、피부 등의 구조 단백질의 총칭이며 각질이라고도 한다.

＊코밍(combing)(コーミング)

콤(빗)을 이용하여 머리를 빗는 것으로 머리를 가지런하게 하거나 머릿결을 정돈하거나 움직임을 주기도 한다.

* **코밍 디렉션**(combing direction)(コーミングディレクション)
빗질의 방향 또는 자르기 전에 모발을 빗질하는 방향.

* **코텍스**(cortex)(コーテックス)
모발의 중간층으로 안쪽의 메듈라와 바깥의 큐티클 사이에 위치하고, 모발의 길이 방향으로 비교적 규칙적으로 나열되어 있는 피질세포와 세포 간 결합물질로 구성되어있다.

* **코팅**(coating)(コーティング)
손상된 머리를 보호하기 위해 윤기 있는 막을 씌워주는 트리트먼트의 하나로 알고 있지만, 원래는 염색과 비슷한 메커니즘을 가진 염색의 한 종류로 생각할 수 있다.

* **콘로**(cornrow)(コーンロー)
흑인을 위한 새로운 머리스타일의 대부분을 디자인한 미국 뉴욕의 라틴쿼터에 있는 아프리카 뷰티센터의 조서퍼라는 파리의 디자이너가 고안한 것으로 그들의 흑인 조상들의 머리 형태처럼 머리를 구분해서 나누어 옥수수 모양으로 땋은 것.

* **콜드 웨이브**(cold wave)(コールドウェーブ)
38° ~40° 에서 웨이브를 만들 수 있다는 의미에서 콜드 웨이브라는 명칭이 사용되어 졌다. 또한 화학약품을 사용하여 영구적인 웨이브를 만들 수 있게 되었다.

* **콤**(comb)(コーム)
빗을 말하는데 빗살의 재질이 거친 값싼 금속 및 플라스틱 빗은 모발의 모표피를 박리시켜 손상시킨다. 반면 딱딱한 천연 고무로 만든 빗살은 그 부드러움과 유연성으로 인해 모발을 손상시키지 않았으며 모발을 가지런히(정발) 하는데 도움을 준다.

* **콤비네이션 스컬프처 텍스처**(combination sculpture texture)(コンビネーションスカルプチャーテクスチャー)
혼합형으로 컷된 머릿결로 어떤 헤어스타일은 모간 끝 부분이 보이게 컷된 것과 보이지 않게 컷된 모결의 혼합을 보여준다.

* **콤 아웃(comb out)(コームアウト)**

빗을 머리로부터 떼는 것으로 스타일링 작업 시 마무리 빗질 작업을 말하며 빗으로 마무리 하는 초종단계의 기술을 말하기도 한다.

* **쿠션 브러시(cushion brush)(クッションブラシ)**

구상의 골격에 잘 맞도록 설계되어 있고, 빗살 등 면이 쿠션이 있게끔 되어 있어서 일정한 텐션으로 하여금 브러싱을 균일하게 할 수 있게 되어 있는 장점이 있어서 업스타일용 브러시로서 사용 빈도수가 높은 브러시로 한꺼번에 머리전체를 크게 브러싱 할 수 있다.

* **큐티클(cuticle)(キューティクル)**

모발의 가장 외부에 위치하고 있으며 그 형상은 생선의 비늘모양 또는 기와지붕 모양처럼 겹쳐져 있는 모양을 하고 있다.

* **크라운(crown)(クラウン)**

두부의 한 섹션으로 두부로부터 후두부에 걸친 부분을 가리킨다.

* **크라운 라인(crown line)(クラウンライン)**

두상의 선으로 두상에서 가장 넓은 영역을 말한다.

* **크레스트(crest)(クレスト)**

볏, 깃털 장식, 파도의 가장 높은 곳의 뜻으로 웨이브의 가장 높은 부분이며, 특히 핑거 웨이브의 정상 부분으로 리지로 연결되는 부분이다.

* **크레스트 에어리어(crest area)(クレストエリア)**

두상(head)의 가장 넓은 부분으로 이 부위를 중심점으로 머리의 내부와 외부를 분리하고 헤어컷 및 헤어디자인을 한다.

* **크로스 체크(cross check)(クロスチェック)**

원래 파티 패턴의 반대 패턴을 사용하여 컷의 정확도를 점검 및 체크하는 커팅의 마지막 단계를 말한다.

* **크로스 체크 컷(cross check cut)(クロスチェックカット)**

컷을 끝낸 다음 컷을 할 때, 지금까지의 슬라이스(slice)선과 교차되도록 패널을 잡아내어 길이를 체크한다.

* **크로즈(clothe)(ケープ)**
  샴푸, 염색 등을 할 때 두르는 천.
* **크로키놀 와인딩(croquignole winding)(クロキノールワインディング)**
  모발 끝에서부터 두피 쪽으로 감는 와인딩.
* **크림린스(cream rinse)(クリームリンス)**
  산성린스와 비슷한 효과를 가지고 있으며 기름을 유화한 것으로 높은 농도의 상태를 보유하고, 사용할 때는 유제(乳劑)가 잘 분산되어야 한다.
* **클리닉 블리치(clinic bleach)(クリニックブリーチ)**
  모발의 손상을 방지하기 위하여 코스메틱 크림이 들어 있는 것.
* **클리퍼(clipper)(クリッパー)**
  이발기계로 일명 바리캉(프 Bariquand et marre)이라고 불리며, 날카로운 정도에 따라 세 종류의 끝날을 가진 헤어 커팅기구이며, 손이나 전기를 이용하여 깎는다.
* **클리퍼 오버 콤(clipper-over-comb)(クリッパーオーバーコーム)**
  빗 사이로 튀어나온 헤어를 클리퍼로 컷하는 것을 말한다.
* **클리핑(clipping)(クリッピング)**
  가위를 가지고 모발 끝을 나누어 컷하는 행위로 헤어 클리퍼를 사용하여 모발을 제거하는 작업이다.
* **킹키(kinky)(キンキー)**
  비꼬인, 헝클어진, 심하게 꼬이거나 헝클어진, 곱슬머리의.
* **타월 드라이(towel dry)(タオルドライ)**
  타월로만 헤어를 건조하는 것.

10. 고객배웅

Seeing guest out : お見送り / 送客 Sòngkè

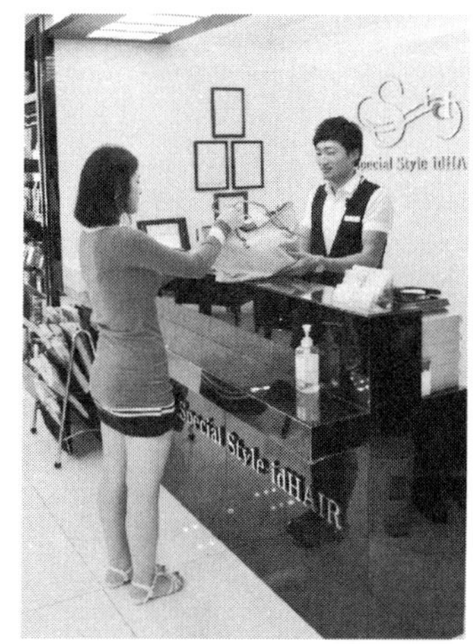

고객응대 및 대인심리효과에 있어서 **나비효과**(Butterfly Effect)를 많이 이야기 하고는 한다. 한 명의 고객이 몇 천 명의 고객으로 확산될 수 있다는 뜻이고 또 그것이 실제이다. 이는 한 명의 고객에게 호감을 심어주면 천 명의 고객이 호감을 가질 수 있다는 뜻이기도 하지만, 역으로 한 명의 고객이 비호감으로 부정하면 천 명의 고객이 그 살롱을 접하기도 전에 비호감 살롱으로 낙인되어 버릴 수도 있다는 엄청난 효과이다. 온라인시대를 살아가는 우리들에게 이런 사례는 비일비재하다. 따라서 **고객이 입점한 순간부터 소중하고 정중하게 최선의 서비스를 제공하는 것이 당연한 의무임**을 잊지말아야하며 특히 퇴점할 때 더더욱 불편사항 및 감사의 마음을 담아 최고의 예절을 갖추어야한다. 일회성으로 끝나는 고객은 고객의 문제가아니라 그 살롱과 스타일리스트의 문제임을 늘 상기해야한다. **매끄러운 회화실력도 중요하지만 성의를 다하는 자세와 늘 고객의 입장에서 배려**하고자하는 자세가 배어 나옴으로써 마음으로 소통할 수 있기 때문이다.

처음 입점부터 퇴점하는 순간까지 초지일관된 성의 있는 자세로 서빙함으로써 **국적도 다르고 의사소통이 원활하지 않아도 서로 호감으로 교통할 수 있도록 함이 우리들의 존재이유임을 명심**한다.

마지막 배웅순간에는 수많은 살롱 중에 선택해준 고마움과 본인의 미용시술서비스를 믿고 맞겨줌에 더더욱 감사함과 더불어 불편사항과 희망사항을 여쭈고 향 후 내점시기를 추천하고 기대하는 메시지를 전달하며 가장 예의를 갖춘 자제로 인사하도록 한다.

시술완료 및 퇴점 응대

한국어	English	日本語	中文
S : 디자인은 마음에 드십니까?	Do you like the design?	デザインはどうですか。	喜欢这个造型吗? Xǐhuan zhège zàoxíng ma?
C : – 마음에 들어요.	I love it.	はい、気に入りました。	我喜欢。Wǒ xǐhuan.
– 아직은 어색하네요.	It's a bit new (awkward) yet.	まだ慣れませんね。	还没习惯。Hái méi xíguàn.
S : 긴 시간동안 수고 많으셨습니다.	Thank you for your time waiting.	長い時間お疲れ様でした。	这么长时间你辛苦了。Zhème cháng shíjiān nǐ xīnkule.
C : 아닙니다. 수고 많으셨습니다.	No, thank you.	いいえ、ありがとうございました。	不，你辛苦了。Bù, nǐ xīnkule.
S : 가운을 벗겨드리겠습니다.	I'll help you to take off your cape.	ガウンをください。	我帮你脱一下美发袍。Wǒ bāng nǐ tuō yīxià měifàpáo.
C : 사물함 키를 주시겠습니까?	May I have your locker key, please?	ロッカーのかぎをください。	你可以给一下保管箱的钥匙吗? Nǐ kěyǐ gěi yīxià bǎoguǎnxiāng de yàoshi ma?

S : – 손님의 짐이 여기 있습니다.	Here are your belongings.	お客様の荷物はこちらです。	客人，您的物品在这里。 Kèrén, nín de wùpǐn zài zhèli.
– 이 외투(가방)가 맞으시죠?	Is this your coat(bag)?	このコート(バッグ)ですか。	这是您的大衣(大包)吧? Zhè shì nín de dàyī(dàbāo)ba?
– 짐을 확인해 보세요.	Please make sure you have everything.	荷物をご確認してください。	请确认一下您的物品。 Qǐng quèrèn yīxià nín de wùpǐn.
C : 제 것이 맞습니다.	It is mine.	あ、私のです。	这是我的。Zhè shì wǒ de.
S : 혹시 불편한 점이나 추천하고 싶은 점이 있으시면 말씀해 주십시오.	If you experienced any inconveniences, please tell us.	ご不便なところがありませんでしたか。	如果有什么不便的地方或是有什么要推荐的，请随时告诉我们。 Rúguǒ yǒu shénme bùbiàn de dìfang huòshì yǒu shénme yào tuījiàn de, qǐng suíshí gàosu wǒmen.
C : – 아주 좋았어요.	It was excellent.	とてもよかったです。	非常好。Fēicháng hǎo.
– 다음에는 음악을 잔잔한 것으로 틀어주면 좋겠어요.	I wish the music was a bit quieter for the next time	音楽はもっと静かな音楽を流してくれたらいいのですが。	下次要是可以听到舒缓的音乐的话，那就更好了。 Xiàcì yàoshì kěyǐ tīngdào shūhuǎn de yīnyuè de huà, nà jiù gèng hǎo le.

S : – 4주 후에 예약하시고 오시면 좋을듯합니다.	I think you should visit us again in 4 weeks.	4週間後の予約をしてからきてくださいね。	我认为四周后先预定再来的话，会更好。 Wǒ rènwéi sì zhōu hòu xiān yùdìng zài lái de huà, huì gèng hǎo.
– 홈케어 하시는데 의문사항이 있으시면 언제든 전화 주십시오.	If you have any questions with your home-care, please call us anytime.	ホームケアーについて何か質問があるときはいつでもご連絡ください。	护养的时候，如果有问题的话，请随时联系我们。 Hùyǎng de shíhou, rúguǒ yǒu wèntí de huà, qǐng suíshí liánxì wǒmen.
– 오늘 함께 해주셔서 감사드립니다.	Thank you for sparing your time and visiting us today.	今日はありがとうございました。	谢谢您的光临。Xièxie nín de guānglín.
– 다음에도 건강하신 모습으로 또 뵈어요.	I'll see you next time	またお越しください。	希望再次光临 Xīwàng zàicì guānglín.
– 안녕히 가세요.	Good bye.	さようなら/お気をつけてください。	再见。Zài jiàn.

많이 쓰이는 작별응대

한국어	English	日本語	中文
잘가요.	Good-bye.	お気をつけて。	再见。Zài jiàn.
좋은 하루 되세요.	Have a nice day.	良い一日を。	希望您有个美好的一天。 Xīwàng nín yǒu ge měihǎo de yìtiān.
나중에 또 뵈어요.	See you later.	またお会いしましょう。	下次再见。Xiàcì zài jiàn.
토요일에 다시 뵈어요.	See you again on Saturday.	土曜日にまた会いましょう。	星期六见。Xīngqīliù jiàn.
아쉽지만 작별해야겠네요.	I am afraid I must say good-bye.	残念ですがお別れの時間ですね。	虽然舍不得，但我必须告辞了。 Suīrán shěbude, dàn wǒ bìxū gàocí le.
이제 가야겠습니다.	I think I must go now.	そろそろ行かないと。	我想现在应该走了。 Wǒ xiǎng xiànzài yīnggāi zǒu le.
행운이 함께 하시길!	Good luck!		祝您好运。Zhù nín hǎoyùn.
모두 안녕히 가세요.	Good bye to you all.	皆さん お気をつけて。	大家再见。Dàjiā zài jiàn.

미용용어 배경 지식 쌓기

* **타월 드라이**(towel dry)(タオルドライ)

타월을 이용해 수분을 제거하는 것.

* **탈모증**(alopecia)(脱(だつ)毛(もう)症(しょう))

정상에서는 그대로 있는 털이 감소, 탈락하고 있는 상태를 말한다.

* **탈색**(bleach)(ブリーチ)

자연적인 색소를 변화 또는 분산시켜 모발의 색조를 제거하는 것.

* **탈색 샴푸**(shampoo bleach)(シャンプーブリーチ)

과산화물과 샴푸가 함유된 모발 탈색제이다.

* **탈염**(脫染)(desalinization)(だっせん)

두발 안의 인위적인 색소를 제거 하는 것.

* **터치 컬러링**(touch coloring)(タッチカラーリング)

모발 끝을 밝게 하여 햇볕에 의해 바란 것과 같은 효과를 창출하려는 기법이다.

* **테스트 커팅**(test cutting)(テストカッティング)

염색하기 전에 고객의 모발에서 보이지 않는 곳의 머리카락을 조금 잘라 놓는 것을 말한다. 이것은 염색이 끝난 후 염색이 잘 되었는지 비교하기 위한 것이다.

* **테스트 컬**(test curl)(テストカール)

퍼머넌트 시술할 때 와인딩이 끝나고 적당한 프로세싱 타임이 지난 뒤, 와인딩된 로드를 2~3군데 풀어서 텐션을 주었다가 놓았을 때 처음으로 돌아가는 강도를 체크하는 것.

* **테이퍼드 헤어**(tapered hair)(テーパードヘア)

모발 끝이 붓끝 모양과 같이 점점 가늘게 되는 머리형이다.

* **테이퍼링**(tapering)(テーパーリング)

taper는 '끝을 점점 가늘게 한다'로서, 모발의 양을 조절하기 위하여 머릿결의 흐름을 불규칙적으로 컷하는 과정을 말한다.

* **테이퍼 컷**(taper cut)(テーパーカット)

레이저로 머리끝을 붓끝과 같이 점차적으로 가늘게 하는 컷팅 기법.

* **텍스처라이징**(texturizing)(テクスチャライジング)

모발이나 특수한 효과와 특정 디자인을 만들기 위해 헤어스타일이 구상된 시점에서 머리를 좀 더 짧게 컷하는 것을 뜻한다.

* **텐션**(tension)(テンション)

긴장, 신장,(탄력체의)장력, 응력. 팽창력-잡아당기는 힘에 의해 생기는 장력, 늘어나는 힘이나 늘어나고 있는 상태, 즉 와인딩 할 때 모발을 당기는 힘. 컷할 때 빗질에 따른 힘의 강약을 말한다.

* **템퍼러리 컬러**(temporary color)(テンポラリーカラー)

일시적인 염색으로 일시적 염모제는 일시적으로 색을 입혀 모발의 색을 변화시키는 것을 말한다.

* **토너**(toner)(トーナー)

염색이나 탈색을 한 결과가 원했던 색상보다 강하거나 마약할 때 그것을 보완하기 위하여 사용하는 염색의 일종이다.

* **토닉샴푸**(tonic shampoos)(トニックシャンプー)
토닉을 써서 향하는 샴푸.

* **토대**(foundation)(ファンデーション)
업스타일 시 모델의 머리위에 인조 피스를 붙이거나, 작품 시 큰 구조물을 붙여야 할 경우 피스나 구조물을 연결시키기 위해 머리 위에 만드는 하나의 다발을 말한다.

* **트리밍**(trimming)(トリミング)
trim은 정돈하다의 의미로 트리밍은 가볍게 다듬는 컷으로서 블론드 컷된 상태의 모선을 가위나 레이저, 클리퍼를 사용하는 헤어 커팅 기술의 하나로서 스타일이 끝마무리된 헤어라인에 튀어나온 모발 등을 정리하는 일이다.

* **트리트먼트**(treatment)(トリートメント)
처리, 시술, 치료법, 요법적 활동에서 이용되는 물질이나 기술, 섭생(양생)기법으로 모발 표면을 코팅 해주면서 영양성분을 모발 내부에 침투시켜 부족한 영양분을 공급하고 큐티클을 보호하는 역할을 하는 것이다.

* **트위스트 스타일**(twist style)(ツイストスタイル)
머리 전체를 가늘게 갈라 잡아 트위스트만으로 구성한 헤어스타일 또는 긴 머리칼을 후두부에서 좌우로 나누어 각각 목덜미에서 위로 비틀어 꼬면서 좌우를 겹쳐서 머리끝을 틀어 올리는 형이다. 주로 야회복 차림 등에 쓰인다.

* **트위스트 와인딩**(twist winding)(ツイストワインディング)
머리의 일단을 작게 꼬아 놓은 다음 와인딩 하는 방법을 말한다.

* **트위스트 컷**(twist cut)(ツイストカット)
모발의 끝이 강항 움직임으로부터 전체 분위기를 부드럽게 하는 기법으로서 베이스를 5cm정도 잡고 컷한다.

* **트위스트 퍼머**(twist perm)(ツイストパーマ)
머리가닥을 꼬아서 하는 것을 말하며, 세 갈래 땋기를 해서 퍼머를 하는 것보다 웨이브가 자연스럽다. 머리카락을 어떻게 잡느냐에 따라 그 느낌이 달라지는데, 트위스트를 해서 로드에 감으면 독특한 웨이브로 완성된다.

* **티닝**(thinning)(セニング)

숱을 치는 것.

* **티닝 컷**(thinning cut)(セニングカット)

모발의 길이를 변화시키지 않는 방법으로서 드문드문 성김. 엷고 가늘게, 전체 모발의 양을 쳐내거나, 불균형한 부분을 같은 양으로 만들고 싶을 때 사용한다.

* **티오글리콜산**(thioglycolic acid)(チオグリコール酸(さん))

고구르라는 학자가 처음 발견한 화학물질로 시스틴의 s-s결합을 끊을 수 있는 화학 약품이다.

* **티징**(teasing)(ティージング)

백 코밍(back coming)이라고도 불리며, 모발을 수직으로 잡고 두피를 향해서 빗살을 넣어 볼륨을 주기 위한 테크닉이다.

* **틴트**(tint)(ティント)

산화 염색제의 영구적 염모제로 파라다이라고도 하며 이것을 사용하기 전에 꼭 패치 테스트를 하여야 한다. 파라 성분 때문에 이것이 맞지 않을 경우 피부 트러블이 있을 수 있으므로 주의를 요한다.

* **파나시 스타일**(panache style)(パナシェスタイル)

앞머리를 일으켜 세우는 머리형.

* **파라 포셋 메니져**(Farrah Fawcett Major)(ファラフォーセットメジャー)

70년대 뒤집어진 머리나 바람처럼 흩날리는 머리 때문에 일명 '바람머리'라고도 한다.

* **파우더 드라이 샴푸**(powder dry shampoos)(パウダードライシャンプー)

드라이 샴푸의 일종으로서 탄산마그네슘, 붕산, 등의 파우더를 사용하여 행하는 샴푸.

* **파상모**(wavy hair)(ウェービーヘア)

물결 모양의 가벼운 모발로 모낭이 피부 표면에 비스듬히 누워 있으며, 현미경으로도 모발 단면을 관찰해보면 달걀 모양의 타원형이다. 웨이브 머리카락이라고도 한다.

* **파우더 블리치**(powder bleach)(パウダーブリーチ)

가루 탈색제로 4~6단계 정도의 밝기까지 모발을 밝게 할 수 있고, 탄산암모늄과 탄산마그네슘으로 구성되어 있다.

* **파트**(part)(パート)

방향을 가지고 있으며 머리칼을 나누는 것(가르는 것)으로 사이드 파트(side part), 7:3의 비율로), 센터 파트(center part) 등이 있다. 가름선이 없는 스타일을 노파트(no part)라고 한다.

* **파트레스**(partless)(パートレス)

모발에 나누어진 부분이 없는 것으로 노파트라고도 말한다.

* **파티션**(partition)(パーティション)

분할, 경계의 나눔.

* **파팅**(parting)(パーティング)

section 내의 머리의 커팅하기 적절한 양으로 나누는 것.

* **파팅 라인**(parting line)(パーティングライン)

분할선.

* **패널**(panel)(パネル)

한 장의 판으로 떠낸 머리 다발로 헤어드레싱에서 2개의 평행한 부분 사이의 영역이다.

* **퍼머넌트 웨이브**(permanent wave)(パーマネントウェーブ)
미용기술 중에서 가장 큰 분야를 차지하는 것으로 열 또는 화학약품의 작용에 의하여 모발조직에 변화를 주어 인공적인 힘으로 웨이브를 마들어 오래 지속 유지될 수 있는 웨이브를 만드는 방법이다.

* **퍼머넌트 컬러**(permanent color)(パーマネントカラー)
모발의 색을 영구적으로 바꿀 수 있는 유일한 염색이다.

* **퍼스널라이징**(personalizing)(パーソナライジング)
헤어스타일을 보다 어울리게 완성하는 단계에서 모량을 조절하는 일.

* **퍼스널 컬러 진단**(personal color analysis)(パーソナルカラーアナリシス)
개인의 피부색 진단을 하기 위한 체계적인 컬러 진단 시스템으로 자신에게 어울리는 최선의 컬러를 찾는 방법이다.

* **퍼스트 린스**(first rinse)(ファーストリンス)
펌 진행 중에 제1제의 작용이 끝난 후와 제2제를 도포하기 전에 물로 헹구어 내는 것.

* **페이지 보이**(page boy)(ページボーイ)
모발의 끝이 안쪽으로 말린 스타일.

* **페이지 보이 보브**(page boy bob)(ページボーイボブ)
옆 가르마를 한 어깨까지 내려오는 단발로 완만한 웨이브를 귀 안쪽으로 굽어지게 한 것이다.

* **페이트**(pate)(ペート)
머리, 정수리, 머리꼭대기.

* **포니테일**(pony tail)(ポニーテール)
롱 헤어를 후두부에서 마무리 지어 리본 등으로 동여맨 스타일.

* **포로시티 테스트**(porosity test)(ポロシティーテスト)

다공성 테스트로 모발이 다공성인지 아닌지를 알아보는 것으로 방법은 여러 가지가 있다. 몇 개의 모발을 취하여 모발 끝 가까이 부분을 강하게 쥐고 모발 끝에서 뿌리 쪽으로 손가락을 거슬러 올라간다. 그 느낌이 거칠면 거칠수록 모발에 구멍이 많은 것이다. 즉 모의 표피가 만이 열려 손상이 만이 된 것을 말한다. 그 외에 마른 모발에 물을 분무하여 흡수되는 정도를 보고 판단하는 것도 있다.

* **포워드 웨이브**(forward wave)(フォワードウェーブ)

얼굴 쪽을 향해 만들어진 웨이브.

* **포인트 커팅**(point cutting)(ポイントカッティング)

자르는 테크닉은 45° 의 각도로 시술한다. 모량을 감소하는 방법은 잡은 모발과 평행한 상태로 시술하고 깊은 테크닉과 얕은 테크닉으로 소프트함을 표현한다.

* **폴링 디렉션**(falling direction)(フォーリングディレクション)

낙하방향, 무게 또는 머리가 자라는 방향으로 모발이 어떤 임의적인 힘이 아닌 자연스럽게 떨어지는 위치.

* **폼**(form)(フォーム)

어떤 물체의 윤곽 또는 겉모습을 말하는데, 헤어컷에서 머리형이란 3차원(입체)을 의미한다.

* **푸들 컷**(poodle cut)(プードルカット)

머리카락을 약 4cm 길이로 똑같이 잘라서 느슨하게 컬을 형성 하는 것을 말한다.

* **프런트 헤어라인**(front hairline)(フロントヘアライン)

앞면 얼굴의 주변머리.

* **프레 커트**(pre cut)(プレカット)

미리 원하는 스타일로 커트하는 것을 말한다.

* **프로세싱(processing)(プロセッシング)**

과정, 진행의 뜻으로 염색이나 탈색과 같은 영구적인 화학변화를 모발에 일으키는 화학적인 반응이다.

* **프로세싱 타임(processing time)(プロセッシングタイム)**

퍼머 와인딩이 끝나고 테스트 컬을 실시하여 중화제를 도포하기 전까지의 퍼머 시간, 즉 적당한 프로세싱 타임을 초과하면 오버 타임(over time)이 되므로 주의하여야 한다. 대체적으로 발수성이나 다공성 모발에서는 짧으며 친수성 모발에서는 약 30~40분이 적당하나 열처리에 따라 시간이 달라진다.

* **프로젝션(projection)(プロジェクション)**

시술각, 컷할 때 두상의 곡선과 베이스 파팅에 따라 모발을 들어 올리는 각도, 즉 엘리베이션 앵글(elevation angle)을 말한다.

* **프론트(front)(フロント)**

전두부, 앞머리, 정면, 전부.

* **프롱(prong)(プロング)**

절로 된 막대기 모양의 로드 형상으로서 모발을 위에서 눌러 웨이브를 만드는 부분.

* **프리라이트닝(prelightening)(プリライトニング)**

모발이 너무 어두울 경우 염색 전에 블리치를 이용하여 모발을 밝게 한 후 본 염색을 실시하는 것을 말한다. 프리라이트닝 없이 본 염색을 할 경우 좋은 결과를 얻기가 힘들다.

* **프리린스(pre-rinse)(プリリンス)**

퍼머나 염색시 모발에 잔류되는 먼지나 젤 그리고 스프레이의 잔유물을 물로 헹구어 내는 것이다.

* **프리소프닝(presoftening)(プリソフトニング)**

사전 유화로 저항성 모발에 염색을 하기 전에 산화제를 도포하여 모발의 표피를 열어 놓는 작업이다. 흰머리 염색을 밝은 색으로 하기 원할 경우와 버진 헤어를 더 밝게 하는 경우에 실시한다.

*** 프리시전 컷(precision cut)(プレシジョンカット)**

정확한 컷.

*** 프리컷(precut)(プリカット)**

미리 원하는 스타일로서 가이드라인(guideline)이나 폼(form)을 80% 정도 컷하는 것 또는 다른 종목의 시술 전에 컷 스타일(cut style)을 형성한 것으로 나눌 수 있다.

*** 프리트리트먼트(pretreatment)(プリトリートメント)**

발수성 모발에 퍼머액이나 염모제의 침투를 용이하게 하기 위해 모발을 연화시키는 것을 말한다.

*** 프린지(fringe)(フリンジ)**

머리 스타일에 있어서 이마를 부분적으로 또는 완전히 덮는 머리로 가장 다양한 스타일 연출이 가능하다.

*** 플랫 아이롱(flat iron)(フラットアイロン)**

아이롱의 양쪽 면이 원통이 아니고 납작하게 되어 있어 머리카락을 곧게 펼 때 사용하는 아이롱.

*** 플레이트 폼(plate form)(プレートフォーム)**

아주 낮은 시술각.

*** 플레인 린스(plain)(プレーンリンス)**

물로만 헹구어 내는 것.

*** 플레인 린싱(plain rinsing)(プレーンリンシング)**

일반적으로 하는 린스방법.

*** 플레인 샴푸(plain shampoos)(プレーンシャンプー)**

다른 어떤 제품도 사용하지 않고 물로만 행하는 샴푸.

＊플레인 스캘프 트린트먼트(plain scalp treatment)(プレーンスカルプトリートメント)

두피가 보통상태일 때 행하는 관리방법.

＊피기백(piggy back)(ピギーバック)

굵은 로드와 가는 로드를 사용하여 로드 위에 업어서 마는 기법.

＊피니싱 노트(finishing knot)(フィニッシングノット)

마무리 매듭으로 가발에서 모발이 느슨해지지 않도록 하기 위해 모발의 마지막 줄기를 보호하는데 이용되는 기술이다.

＊피봇(pivot)(ピボット)

선회축, 중심점, 점을 중심으로 갈라지는 선 등이 있다.

＊피봇 포인트(pivot point)(ピボットポイント)

피벗은 선회축, 급소, 중심점, 회전하다의 의미이고, 피벗 포인트는 회전축의 중심점으로 가위의 나사 못 부분을 지칭하기도 하고 핀컬을 말 때 회전이 시작되는 부분을 지칭하기도 한다. 즉 핀컬을 할 때 베이스에서 스템 부분 바로 다음 부분의 지점이다.

＊피보탈 파팅(pivotal parting)(ピボタルパーティング)

중심점에서 방사형으로 퍼져 나눠는 파팅 기법으로 이것은 디자인 축으로 하여 머리의 곡선과 일치한다. 정수리 둘레는 중앙의 커팅이 되고 삼각형 분할이 만들어지며, 이것을 디자인 축으로 하여 파이모양, 삼각형 모양으로 나누게 된다. 크라운 둘레의 컷을 쉽게 할 수 있게 해준다.

＊페오멜라닌(pheomelanin)(フェオメラニン)

붉은 색과 노란색의 모발색소로 모피질에서 발견된다.

＊피지선(sebaceous gland)(**皮**(ひ)**脂**(し)**腺**(せん))

포유류에서 피부의 부속선(附屬腺)의 하나로 지선(脂腺)이라고도 한다. 모낭(毛囊)과 피부표면이 둔각(鈍角)을 이루는 측에 있는 짧은 배설관으로 모낭 위에서 3분의 1부위에 개구(開口)한다.

*** 피질(cortex)(コーテックス)**

모발의 둘째 또는 중간층으로 모발 섬유 중심부의 섬유상 단백질과 멜라닌 색소를 함유하고 있으며 모발에 건강과 탄력을 제공한다.

*** 픽시 컷(pixy cut)(ピクシーカット)**

짧은 머리 모양.

*** 핀(pin)(ピン)**

모발을 어느 한 곳에 고정시키기 위해 고안된 작고 굽은 장비.

*** 핀셋(tweezers)(ピンセット)**

빗나간 머리를 정리하든지 잘못 붙여진 수염의 올을 고르는데 사용하여, 라텍스 조각을 붙이는 데 특히 유용하다.

*** 핀 컬(pin curl)(ピンカール)**

젖은 모발에 젤이나 무스 등을 발라 모델 머리나 광고 머리 등 창작 헤어스타일을 할 때 빗과 핀, 손동작을 이용해 C컬이나 S컬 혹은 뱅(bang)을 연출하는 기술로 퍼머에도 응용할 수 있다.

*** 핀 컬 퍼머 웨이브(pin curl permanent wave)(ピンカールパーマネントウェーブ)**

핀컬로 세팅해서 반영구적인 웨이브를 만든 것.

*** 헤나(henna)(ヘナ)**

'Lawsonia inermis'의 잎을 말려 분말로 만들어 모발염료, 화장 또는 수렴제로 사용되고 이집트인들이 사용하였던 금속성분이 첨가된 염료이다.

*** 헤드(head)(ヘッド)**

두개골, 머리(두부), 목의 윗부분, 정상, 면도날의 뒤쪽의 선단.

*** 헤드 밴드(head band)(ヘッドバンド)**

모발에 사용된 화학 액이 흘러내리지 않도록 둘러주는 밴드를 말한다.

* **헤드라인**(headline)(ヘッドライン)

두부 표면의 외곽선.

* **헤비사이드**(heavy side)(ヘビーサイド)

머리칼을 왼쪽에서 가를 때는 오른쪽, 오른쪽에서 가를 때는 왼쪽 편, 즉, 머리양이 많은 쪽, 무거운 쪽을 말한다.

* **헤어네트**(hairnet)(ヘアネット)

그물망 형식으로 짜인 실이나 가는 섬유 직물을 말하는데, 머리칼의 흐트러짐을 방지하기 위하여, 드라이를 할 때나 업스타일에서 스타일을 정리할 때 모발을 덮거나 어떤 곳에 고정시키기 위해 이용된다.

* **헤어드라이어**(hair dryer)(ヘアドライヤー)

젖은 머리를 말릴 때 사용하는 기구. 빨리 건조시키는데 이용됨.

* **헤어라인**(hairline)(ヘアライン)

머리가 나는 부분으로 프론트 라인(이마에 난 부분), 사이드라인, 오프라인(목덜미에 난 부분)등의 명칭이 있다.

* **헤어라인 존**(hairline zone)(ヘアラインゾーン)

두피와 경계 지는 부위로서 파운데이션 시술을 할 때에는 자연스럽게 경계가 지지 않도록 세심하게 그라데이션하여 주어야 한다.

* **헤어 래커**(hair lacquer)(ヘアラッカー)

완성한 머리형을 흐트러지지 않도록 고착시키는 정박제.

* **헤어 무스**(hair mousse)(ヘアムース)

모발에 바른 후 원하는 헤어스타일로 손쉽게 정발이 되며, 특히 헤어드라이어를 사용하게 되면 더욱 효과적이다.

* **헤어 블리치**(hair bleach)(ヘアブリーチ)

두발의 탈색으로 원리는 산화제 작용으로 모발의 멜라닌 색소를 분해시켜 색소를 엷게 하는 것.

* **헤어 스티머**(hair steamer)(ヘアスチーマー)
모발의 가습기로서 수증기를 이용하여 모발을 가온시키는 기구이다.

* **헤어 세팅**(hair setting)(ヘアセッティング)
머리를 헤어롤이나 세팅기를 이용하여 웨이브나 독특한 머리스타일을 만드는 것으로 열에 의해 수소의 결합과 물의 공급으로 인한 수소의 절단으로 세팅의 생성과 소멸을 할 수 있다.

* **헤어 셰이핑**(hair shaping)(ヘアシェイピング)
오리지널 세팅(original setting)을 위한 준비 작업의 빗질로 업 셰이핑(up shaping)과 다운 셰이핑(down shaping)으로 나누어지며, 그 외에도 여러 형태의 빗질과 웨트 헤어 스타일링에서의 중요한 기초 빗질 과정을 말한다.

* **헤어스프레이**(hair spray)(ヘアスプレー)
머리에 분사하여 머리모양을 고정시키는 분사형 액체로 헤어렉커라고 하는데, 성분은 고무질, 합성수지 알코올 등이다.

* **헤어 젤**(hair gel)(ヘアジェル)
젤 타입의 헤어 고착제로 머리카락의 형태를 변화시키거나, 수염 분장 후 수염 형태를 조정할 때 사용된다.

* **헤어피스**(hair piece)(ヘアピース)
머리의 일부분에 붙이는 가발 또는 붙임 머리.

* **헴라인**(hemline)(ヘムライン)
'hem(헴)'이란 의류의 갓, 즉 끝단을 말한다. 컷의 용어로는 프론트, 사이드 테이프에서의 머리칼이 나기 시작한 라인을 가리킨다.

* **호리존탈**(horizontal)(ホリゾンタル)
가로로 슬라이스를 떠서 컷하는 방법.

* **환원작용**(deoxidization, reducing process)(還元(かんげん)作(さ)用(よう))

퍼머액, 즉 환원제의 작용으로 탈산을 시키므로 산화작용과는 반대되는 개념을 말하는데, 산소를 빼앗는 반응 혹은 수소를 주는 화학반응으로서 그 작용에 의해 모발을 측쇄결합 중 시스틴 본드(cystine bond)를 절단시켜 시스테인(cysteine)으로 만드는 작용이다.

* **환원제**(resolution)(かんげんざい)

퍼머액 제1제를 말하며 시스틴의 s-s결합을 끊는 역할을 한다. 대표적인 환원제 성분으로는 티오글리콜산(thioglycolic acid)이 있으며, 제조회사별로 수많은 종류가 있다.

* **휴지기 탈모**(telogen effluvium)(休止(きゅうし)期(き)脱(だつ)毛(もう))

모발의 성장이 멈추어 일상생활에서 자연적으로 빠지는 탈모 현상으로 자연 탈모에 해당된다.

* **훼이스 라인**(face line)(フェースライン)

얼굴에 걸리는 모발의 선을 말하며, 헤어스타일에 있어서 얼굴에 걸리는 모발의 형태나 상태가 매우 중요한 역할을 하므로 그 결정에는 충분한 고려가 필요하다.

* **히트 퍼머**(heat permanent)(ヒートパーマ)

가열에 의해 시스틴을 변화시켜 웨이브를 만든 다음 자연 상태로 방치, 고정시켜 웨이브를 형성시키는 퍼머이다.

* **히팅 캡**(heating cap)(ヒ-ティングキャップ)

모발이 빠지거나 거칠어진 모발의 치료를 위한 미용 기구이다.

한·미·일·중 미용실무회화

2013년 4월 25일 초판발행
2017년 9월 10일 초판2쇄발행

지은이 / 김유빛나라·유현주
펴낸이 / 이상태
펴낸곳 / 청구문화사
디자인 / 유서연
주 소 / (120-831) 서울특별시 서대문구 연희 1동 436-1
전 화 / 02) 332-0541(代) **FAX** : 02) 337-9577
등 록 / 1990년 11월 2일 제9-247호

정가 20,000원

ISBN 978-89-5616-550-9 93590